◎ 江苏省住房和城乡建设厅　组织编写

田园乡村

特色田园乡村

乡村建设行动的江苏实践（上）

周　岚　刘大威　等著

中国建筑工业出版社

图书在版编目（CIP）数据

田园乡村：特色田园乡村：乡村建设行动的江苏实践：上、下.1/江苏省住房和城乡建设厅组织编写；周岚等著. —北京：中国建筑工业出版社，2021.4
ISBN 978-7-112-26011-9

Ⅰ.①田… Ⅱ.①江…②周… Ⅲ.①乡村规划—案例—江苏 Ⅳ.①TU982.253

中国版本图书馆CIP数据核字（2021）第050913号

责任编辑：宋　凯　张智芊
责任校对：焦　乐

田园乡村　特色田园乡村——乡村建设行动的江苏实践（上、下）
江苏省住房和城乡建设厅　组织编写
周　岚　刘大威　等著

*

中国建筑工业出版社出版、发行（北京海淀三里河路9号）
各地新华书店、建筑书店经销
逸品书装设计制版
北京富诚彩色印刷有限公司印刷

*

开本：880毫米×1230毫米　1/16　印张：26¼　字数：376千字
2021年3月第一版　2021年3月第一次印刷
定价：148.00元（上、下册）
ISBN 978-7-112-26011-9
（37234）

编写委员会

主　　任: 周　岚　顾小平

编　　委: 刘大威　赵庆红　杨洪海　金　文
　　　　　路宏伟　崔曙平

编著人员: 周　岚　刘大威　崔曙平　曲秀丽
　　　　　何培根　王　菁　富　伟　王泳汀
　　　　　武君臣　周心怡　卞文涛　宗小睿

序言
特色田园乡村：乡村建设行动的江苏实践

◎ 周 岚 崔曙平 曲秀丽

周 岚 江苏省住房和城乡建设厅厅长
　　　研究员级高级城乡规划师
崔曙平 江苏省城乡发展研究中心主任
　　　研究员级高级工程师
曲秀丽 江苏省住房和城乡建设厅
　　　村镇建设处副处长

本主题文章由三人执笔完成，在工作谋划和实践推动中，顾小平、刘大威、赵庆红、杨洪海、金文、路宏伟、刘涛、何培根等同志均有贡献。

乡村，是中华文明的根基，对于中国人有着特别重要的意义。作为农耕文明源远流长的民族，中国人有着特别浓厚的土地情结。几千年来我们的祖先依附于土地和自然，顺天时、就地利，辛勤耕耘，生生不息，在此过程中催生了以农耕文化为核心的灿烂文明，形成了一大批既有天人合一自然格局，又有和谐井然社会秩序的传统乡村。所以说，蕴含着深厚的生产生活和营建智慧的乡村是中国人的情感故乡和心灵家园。习近平总书记的一句"乡愁"道出了所有中国人的心底情感。

但是，近代以来的工业化与城镇化进程从生产方式和生活方式上根本改变了城乡关系，大量的农业人口流向城市，乡村自给自足的经济与社会体系逐渐被打破，由此引发了乡村经济、社会、文化和环境的剧烈变迁和深刻转型。人口老龄化和空心化、资源外流、公共服务短缺、环境恶化、乡土文化式微成为许多乡村面临的共性问题。实际上，城镇和乡村发展的失衡问题，不惟中国所独有，也是全球的普遍现象。城镇化、工业化乃至全球化、信息化背景下的乡村将何去何从，已成为国际社会十分关注的重要议题。

围绕这一议题，在党的十八大以来我国农业农村发展取得历史性成就的时代背景下，党的十九大做出了实施乡村振兴战略的重大决策部署，"从全局和战略高度来把握和处理工农关系、城乡关系"[1]，为推动城乡融合发展、走中国特色的乡村振兴之路指明了方向。2020年，党的十九届五中全会进一步提出实施"乡村建设行动"，并将乡村建设行动作为"十四五"时期全面推进乡村振兴的重点任务。

按照中央的战略部署，江苏实施了一系列推动乡村振兴的务实行动。其中 2017 年开展的特色田园乡村建设行动和 2018 年接续开展的苏北农房改善工作，被认为是"结合江苏省情对乡村建设行动的先行实践和有益探索，也是推动乡村振兴战略实施的有效路径"[2]。江苏特色田园乡村建设行动围绕"特色、田园、乡村"三个关键词，积极打造特色产业、特色生态、特色文化，塑造田园风光、田园建筑、田园生活，建设美丽乡村、宜居乡村、活力乡村，致力展现乡村"生态优、村庄美、产业特、农民富、集体强、乡风好"的现实模样[3]。

正如时任江苏省委书记李强同志指出的："特色田园乡村不是简单地复制过去的乡村建设模式，也不是简单的乡村美化行动，它既是展现社会主义新农村建设成效的直观窗口，又是传承乡愁记忆和农耕文明的当代表达，也是农村发展'一村一品'和生态保护修复的空间载体，其建设过程还是组织发动农民、强化基层党建、培育新乡贤、提高社会治理水平、重塑乡村凝聚力的有效途径。"[4] 因此，江苏特色田园乡村建设整合了众多工作和行动内容，但又有所区别，它旨在通过系统化的集成行动，努力塑造新时代乡村振兴的现实模样，努力呈现"城市让生活更美好，乡村让城市更向往"这样一种"城乡融合、美美与共"的美好图景。

江苏特色田园乡村建设不等同于农村人居环境改善工作。农村人居环境改善强调围绕农民群众关切，具体推动农村危房改造、农村污水和垃圾整治以及"厕所革命"等一件件民生实事。特色田园乡村建设工作则在江苏已完成的村庄环境整治行动[5]和村庄环境改善

[1] 习近平 . 把乡村振兴战略作为新时代"三农"工作总抓手 [J]. 求是，2019(11).

[2] 2020 年 11 月 7 日中央一号文件贯彻落实情况第 11 督查组对江苏的督查意见。

[3] 2017 年 6 月江苏省委、省政府印发《江苏省特色田园乡村建设行动计划》，从重塑城乡关系的角度，着眼长远并推动务实行动，提出建设立足乡土社会、富有地域特色、承载田园乡愁、体现现代文明的特色田园乡村，明确把特色田园乡村建设作为"三农"工作的有效抓手，作为推进农业供给侧结构性改革、在全国率先实现农业现代化的新路径，要求对现有农村建设发展相关项目整合升级，集中力量、集聚资源、集成要素扎实推进，打造特色产业、特色生态、特色文化，塑造田园风光、田园建筑、田园生活，建设美丽乡村、宜居乡村、活力乡村，展现"生态优、村庄美、产业特、农民富、集体强、乡风好"的江苏特色田园乡村现实模样。

[4] 2017 年 8 月 29 日，时任江苏省委书记李强同志在全省特色田园乡村建设座谈会上的讲话。

[5] 2011 年，江苏省委办公厅、省政府办公厅印发《江苏省村庄环境整治行动计划》，规划发展村庄实施"六整治、六提升"，一般自然村突出"三整治、一保障"，集中整治农民群众需求最迫切、反映最强烈的村庄环境"脏乱差"等问题。通过五年的努力，到 2016 年江苏完成了城市规划建设用地外所有自然村的环境整治全覆盖任务，并获得中国人居环境范例奖。

[6] 2016年，江苏省委办公厅、省政府办公厅印发《江苏省村庄环境整治改善提升行动计划》，以镇村布局规划优化为指导，积极推进美丽宜居乡村建设、村庄生活污染治理、传统村落保护等工作，巩固村庄环境整治成果，持续改善农村人居环境。

提升行动[6]的基础上，强调以"一代人有一代人使命"的责任意识和新时代文化自信，建设塑造让"城里人向往"的美好乡村，努力让"今天的乡村建设精品，成为明天致力保护的文化景观"。

江苏特色田园乡村建设不等同于传统村落保护工作。它既重视历史文化名村和传统村落的文化资源挖掘，重视乡村传统民居、历史遗存、乡风民俗，以及村落与自然有机相融关系的保护，也注重时代感和现代性的体现，关注农民群众现代生产生活条件的系统改善，致力为农民群众提供更好的交通和基础设施，让农民群众享受到更好的公共服务，过上更有品质的生活。在建设手法上，强调"现代建设和乡愁保护并行不悖"，重视乡村传统建筑和空间的当代创新利用，重视乡村工匠和传统营造方式的当代传承发展，重视在乡土材料的利用中融入现代科技，重视塑造具有地域特色、时代特征的新时代民居。

江苏特色田园乡村建设也不等同于美丽宜居村庄建设。它关注的空间范围不仅仅局限于美丽宜居村庄本身，也同时关注村庄和山水、田园的整体塑造；它关注的内容不仅止于物质环境美化，更旨在通过美好空间环境的整体塑造联动推动产业发展、文化复兴、生态改善和乡村社会治理能力提升。

这样高的定位要求决定了江苏特色田园乡村建设的实践难度，如果没有改革创新的精神、没有强有力的政策支持、没有基层的务实行动是难以实现的。但因有幸身处伟大的新时代、有幸身处长三角、有幸身处江苏，使得特色田园乡村建设的规划蓝图正在江苏乡村大地上逐渐成为美好现实。

一是有幸身处伟大的新时代。在中国改革开放以来，尤其是在党的十八大以来所取得的"全方位、开创性"成就和"深层次、根本性"变革的基础上，以习近平同志为核心的党中央将"全面深化改革"作为坚持和发展中国特色社会主义的基本方略之一，持续完善和发展中国特色社会主义制度，"我国已转向高质量发展阶段，制度优势显著，治理效能提升，经济长期向好，物质基础雄厚，人力资源丰富，市场空间广阔，发展韧性强劲，社会大局稳定"[7]。这些都为包含城乡建设在内的各领域发展和完善创造了难得的历史机遇，引领我们不断改革创新、务实行动，只争朝夕，不负韶华。

二是有幸身处改革开放新高地的长三角。长三角地区是"全国发展强劲活跃增长极、高质量发展样板区、率先基本实现现代化引领区、区域一体化发展示范区、改革开放新高地"[8]。这里有密集的城市群和集中的创新型城市人口，对农业农村供给侧改革有着巨大的市场需求；这里是传统的农耕文明富庶地区，也是新时代"两山"理论的发源地，还是"千村示范、万村整治"人居环境改善工程的率先实践地。可以说，长三角是探索全球化、城镇化、工业化、信息化、农业现代化背景下乡村未来的最好背景、最好环境和最佳对象。

三是有幸身处江苏这片新时代建设发展的沃土。江苏拥有悠久而灿烂的农耕文明历史，自古就是鱼米之乡，享有"苏湖熟，天下足""小桥流水人家"的美誉；发展到当代，江苏较早探索农村工业化的"苏南模式"，在改革开放以来的经济社会快速发展进程中，涌现出一大批有实力、有特色的镇村，逐步发展成为全国城乡居民收入差距比较小的地区之一。在按照国家部署认真做好全面小康社会建设、脱贫攻坚战、农村人居环境整治等"三农"工作的同时，我们认真学习了习近平总书记关于"绿水青山就是金山银山"等重要论述以及中央一系列相关要求，组织开展了"国际乡村发展比较研究"和"江苏乡村可持续发展专题研究"，提出了田园乡村建设倡议[9]，得到了省委主要领导的批示肯定[10]。随后，按照省委、省政府的部署，我们会同相关部门牵头推动特色田园乡村建设行动计划实施。

2017年6月，省委、省政府印发了《江苏省特色田园乡村建设行动计划》，要求按照试点示范阶段、试点深化和面上创建分步有序推动特色田园乡村建设实施。通过自上而下的部署发动和自下而上的基层自愿申报，2017年8月明确了第一批45个试点村庄，其中连云港赣榆区小芦山等4个村为省定经济薄弱村。第一批试点村庄带来的显著变化，调动了基层参与特色田园乡村试点工作的积极性

[7] 中国共产党第十九届中央委员会第五次全体会议公报，2020年10月29日。

[8] 习近平在扎实推进长三角一体化发展座谈会上的重要讲话，2020年8月22日。

[9] 2017年3月18日，江苏省住房和城乡建设厅联合江苏省委农工办、中国城市规划学会、中国建筑学会、江苏省乡村规划建设研究会等在昆山祝家甸村乡村砖窑文化博物馆主办了"当代田园乡村建设"研讨会，发布了"当代田园乡村建设实践·江苏倡议"。

[10] 时任江苏省委书记李强同志在《新华日报》2017年3月31日报道《乡村复兴，需重塑田园之美：规划大师齐聚昆山倡议推动田园乡村建设》上作出批示："此事很有意义！省住建厅要跟踪服务，及时指导，做出特色。"

和主动性，随后第二批、第三批试点村庄名录陆续公布。在 136 个试点村庄多元实践探索以及动态跟踪优化的基础上，印发了《江苏省特色田园乡村创建工作方案》，推动开展更广的面上创建工作。面上创建工作注重差别引导，苏南苏中地区城镇化水平较高、村庄基础较好，侧重选择集聚提升型、特色保护型村庄开展特色田园乡村创建，从城乡融合角度推动农业供给侧改革、高效农业和乡村旅游发展；苏北地区受历史上"黄泛区"的影响，农房质量和村庄基础较差，同时城镇化仍处于快速发展阶段，因此按照"四化同步"要求，结合苏北农房改善工作同步推动新建农村社区同步建设特色田园乡村。通过村庄试点和面上创建的努力，到 2020 年底全省有 324 个村庄通过了省级特色田园乡村验收命名，覆盖了全省 93.4% 的涉农县（市、区）。2020 年 12 月《江苏省特色田园乡村建设管理办法》印发，明确了特色田园乡村的动态管理制度，旨在推动已命名村庄在巩固建设成果的基础上形成持续振兴的内生动力，不断深化探索乡村现代化的实现路径。

经过三年多的持续推动，江苏特色田园乡村建设行动取得了显著的阶段性成效，一大批已经命名的省级特色田园乡村彰显了新时代乡村的多元价值，在优化重塑山水、田园、村落的基础上实现了内外兼修的综合发展，以人民群众可观可感的真实环境展现了美好乡村的现实模样，提升了农民群众的获得感、幸福感和安全感，探索了乡村振兴的多元实践路径，形成了可借鉴、可复制、可推广的多样化成果，得到了政府、学界、社会和群众的充分肯定，中央电视台、《人民日报》、学习强国等国家级媒体平台多次报道江苏特色田园乡村建设实践，《中国农业报》和《中国建设报》先后头版整幅介绍推广。

一、立足挖掘新时代乡村的多元价值

江苏特色田园乡村建设行动从挖掘新时代乡村的多元价值做起，推动发挥乡村的独特功能，深度挖掘它在提供粮食安全、维护生态平衡、保护乡土文化乃至稳定社会关系等方面的多元价值，推动田园生产、田园生活、田园生态的有机结合，致力"让我们的城镇化成为记得住乡愁的城镇化，让我们的现代化成为有根的现代化"[11]。

从粮食安全角度看，乡村是"中国人的饭碗"所系。农业生产是乡村最基本的功能，我们的祖先在与土地打交道的过程中发展形成了一整套"顺天时、就地利"的生产方式和生活方式，因此养育了世世代代的亿万中国人。时至全球化的今日，粮食安全仍是关乎国计民生的头等大事，"仓廪实，天下安"，习近平总书记深刻指出："中国人的饭碗任何时候都要牢牢端在自己手上。我们的饭碗应该主要装中国粮。"而要用仅占全球 9% 的耕地养活占全球人口 20% 的中国人，就必须发展好农业，留得住农民，保护好耕地和乡村空间。

从绿色发展角度看，乡村是大自然的底色和生态基底，是消除与平衡城市碳排放和碳足迹的重要保障。根据联合国资料，在全球的碳排放中，城市集中的碳排放超过了 70%，而广袤的乡村则承担着生态环境调节功能和生态产品供给功能，提供了新鲜的水、自然的空气、开放的绿色空间等生态资源，还是各类生物繁衍生息的主要栖息地，呈现出丰富的生物多样性特征。同时，中国的乡村聚落与山水林田湖草有机相融，蕴含着丰富的天人合一、人与自然和谐相处的绿色生存之道和生态文明智慧。

从文化传承的角度看，乡村是中华民族的文化根脉所在，凝聚着乡愁，承载着记忆。保存至今的历史文化名村、传统村落和农业文化遗产，是中华民族与土地及大自然相存相依的实物见证和智慧结晶；乡村丰富多彩的民俗节庆、民间戏曲、传统手工艺等非物质文化遗产，与乡村熟人社会的人情和人情秩序，共同构成"乡愁"的典型表达。

从社会发展角度看，乡村是经济波动时期的社会"稳定器"。随着经济社会的发展变迁，农业在如今国民经济中的份额已经很小[12]，第一产业的从业人数在就业结构中占比也不高，但是乡村在经济下行时期扮演着农民返乡就业的"蓄水池"作用，是稳定社会的重要力量。正因如此，党的十九大明确农村"保持土地承包关系稳定并长

[11] 王伟健. 乡村复兴，守住文明之根——江苏建设特色田园乡村观察 [N]. 人民日报·一线视角，2017-9-1.

[12] 根据国家统计局资料，2018 年中国第一产业占经济 GDP 比重为 4.4%，第一产业占就业人员 26.1%。

久不变"，同时乡村也是提高社会治理能力的重要阵地。

从人的全面发展角度看，乡村慢节奏、牧歌式的生活是都市紧张生活的"平衡器"。"采菊东篱下，悠然见南山""开轩面场圃，把酒话桑麻"，这些关于乡村的咏叹至今广为流传，可见许多中国人心中都有一个田园梦。尤其在生活节奏日益快捷的现代都市社会，乡村舒缓的生活节奏、开敞的自然空间、熟人社会的亲切感等，是拥挤、紧张、高效都市生活方式的极好平衡。如乡村塑造引导得当，可以成为满足新时代人民对美好生活向往的诗意栖居地。

从新型产业发展的角度看，乡村亦可以成为创新经济的重要"集聚地"。新型产业和创新经济的发展，本质上取决于对人才的吸引力，而人才对于生活环境的宜居品质要求很高，特别是在城镇化的主阵地——城市群和都市圈地区，田园风光、山水景观越来越成为稀缺资源，美好乡村不仅可以成为现代农业、高效农业、生态农业的空间，还可以成为创意产业、智能产业、健康产业、环境产业、文化产业等新经济、新业态的理想工作场所，成为文化创意村、智慧信息村、科技研发村等现代产业的集聚地。

二、积极探索乡村振兴的多元路径

新时代乡村的多元价值实现，有赖于乡村供给侧结构性改革，而推动乡村供给侧结构性改革，必须找准乡村发展的定位。我们认为，有别于城市功能的"综合而强大"，乡村发展应立足于"特而专、小而美"。具体到不同的村庄，"十里不同风，百里不同俗"，可以说每一个乡村都是独一无二的存在，其发展路径的选择应基于对其特色资源的深度挖掘，因村制宜确定差别化的路径推动其发展。

三年多的江苏特色田园乡村建设实践，进一步坚定了我们当初的想法：我们认为，在国家推动乡村振兴的有利背景下，当代中国乡村的发展可以有多种的可能和多元的路径，乡村振兴不仅要有国家和地方政府"自上而下"的政策支持，还要有因村制宜"自下而上"的基层内生动力发挥。基于江苏特色田园乡村建设与苏北农房改善工作实践，我们总结梳理出 16 条基于乡村特色资源挖掘、通过特色田园乡村建设激活乡村多元价值实现的差别化路径。这些路径，不可能涵盖乡村振兴和乡村建设行动的万千条道路，但是从一个角度生动地展现了乡村振兴和乡村建设行动的丰富可能。

1. *自然之野趣*。当久居城市的人们与自然日渐疏离，乡村充满野趣的自然环境和生物多样性成为宝贵的发展资源。江苏特色田园乡村建设高度重视乡村自然野趣的保护，将保护和修复乡村的自然山水环境本底作为重要内容，努力使乡村独特的自然生态成为撬动乡村发展的魅力资源和比较优势。以苏州常熟市董浜镇观智村天主堂自然村为例，它紧邻泥仓溇省级湿地公园，是太湖平原重要的鸟类栖息地，拥有珠颈斑鸠、戴胜、棕头鸦雀等数十种珍稀鸟类资源。它的特色田园乡村建设方案围绕"田园湿地、乡村归心"的发展定位，在积极保护和修复湿地资源的基础上，发展以观鸟为特色的生态旅游、生态摄影服务产业，带动生态农产品销售，实现了从传统农业村向生态旅游村的转型发展。

2. *大地之馈赠*。"一方水土养一方风物"，传统经典农产品是天赐乡村的大地馈赠。江苏自古以来就是鱼米之乡，拥有丰饶而优质的农、林、渔业特色产品资源。江苏特色田园乡村建设着力推动在保护利用农产品经典的同时，运用现代技术手段让它发挥出更大的价值，让乡村实现基于本土的发展振兴。如苏州昆山市巴城镇武神潭村、无锡惠山区阳山镇前寺舍村、连云港市连云区高公岛村的特色田园乡村建设，与阳澄湖大闸蟹、阳山水蜜桃、高公岛紫菜等农产品地理标识品牌的塑造有机联动，实现了守住"农本"基础上的时代发展和进步。

3. *舌尖之美味*。民以食为天，当绿色健康的乡村美食与乡土生态的乡村美景、淳朴独特的乡村风情有机结合在一起时，可以汇聚成乡村振兴的巨大能量。江苏特色田园乡村建设注重挖掘乡村传统美食资源，推动将健康食材、家乡风味、田园环境、乡土文化体验等联动塑造。如泰州泰兴市黄桥镇祁家庄村整理打造的传统农家宴

"八大碗"，已成为吸引游人前来的乡村美食品牌；苏州吴江区震泽镇谢家路村将长漾湖边的旧工厂改建为品尝"太湖水八仙"的特色美食体验中心，引得四方客来，使原本衰败的村庄焕发了生机活力。

4. 季相之缤纷。四季的演变，既形成了千百年来农人恪守的耕作节律，也造就了变幻多姿的乡野景观。春赏百花夏赏荷，秋观红叶漫山坡，已成为深受现代都市人喜爱的休闲旅游方式。春天，苏州高新区通安镇树山村的梨花竞相开放，漫山香雪海吸引着大江南北无数游客纷至沓来；秋日，徐州邳州市铁富镇姚庄村道路两边的银杏构成了一座金色的"时光隧道"，成为热门的网红"打卡"地。特色田园乡村建设将大自然循环更迭之美，打造为乡村旅游的特色名片，并通过文旅融合、农旅联动、体旅结合等多元举措努力延展季相资源的价值，推动从单季的乡村旅游向全季节性的产业模式转变。

5. 农业之链条。农业是乡村的根本，乡村振兴的关键在于乡村产业的振兴。江苏特色田园乡村建设积极推动构建从田头生产、农产品加工到体验式乡村旅游和乡村文化消费的"1+2+3"产业链条。如徐州铁富镇姚庄村围绕"一棵树"资源，深挖银杏特色，做大产业文章，依托全村 2700 多亩的银杏林，建设融"苗、树、叶、果"一体的银杏综合生产基地和银杏科技产业园，推动银杏深加工形成生物制药、保健品、休闲食品和洗化用品等多个特色产业，先后开发生产银杏酮、银杏油、银杏保健品、银杏茶、银杏酒、银杏化妆品、银杏休闲食品、银杏饮料、银杏木制品、银杏生物原料药等几十种产品，并通过打造网红"时光隧道"发展乡村旅游，逐步形成了集育苗、种植、销售、深加工、旅游观光为一体的银杏全产业链。

6. 科技之翅膀。现代科学技术是改变"农业望天吃饭"格局的决定性力量。为农业插上科技的翅膀，可以使农业栽培更加精准，农业生产效率更高、农产品更有价值。江苏特色田园乡村建设致力推动发展高附加值农业，形成基于现代农业科技的长板优势。如盐城东台市三仓镇的兰址村、联南村、官苴村，它们将特色田园乡村建设与万亩菜篮子基地、西甜瓜供港基地的打造有机联动，推动农业科技创新、高标准种植生产、现代农产品加工物流、休闲农业协同发展。2019 年已成功创建为国家农业现代产业园。

7. 农村之延展。互联网拉近了乡村与消费者的距离，城乡连通性的改善拉近了城市和乡村的时空距离。江苏特色田园乡村建设顺应长三角一体化、区域协同和城乡融合发展的新趋势，抓住互联网时代的发展机遇，推动乡村市场向城市、区域的延伸拓展。宿迁沭阳县庙头镇仲楼村将传统花木种植产业链接到"互联网"上，产品远销全国各地，2020 年电商年销售额达到 9000 万元，成为"淘宝花木第一村"。再如泰州兴化市千垛镇东罗村通过建立"政府＋社会资本＋村集体＋村民"的特色田园乡村建设模式，依托万科城市物业网络，实现了本地农产品与城市千家万户的快速联结，走出了一条城乡融合、合作共赢、利益共享的发展之路。

8. 乡村之体验。阿尔文·托夫勒在《第三次浪潮》中曾预言"服务经济的下一步是走向体验经济"。田野纵横、阡陌交织、鸡犬相闻的"三生融合"乡村环境，正吸引着越来越多的城市人下乡体验。江苏特色田园乡村建设致力丰富乡村体验的载体和内容，满足人们渴望回归自然、回归本真、体验乡土的心理需求。如南京江宁区江宁街道黄龙岘村致力营造"茶文化"环境，让都市人可以深入乡村赏茶园、采茶叶、观制茶、品美茶，体味"采茶东篱下，悠然见南山"的意境；再如徐州铜山区伊庄镇倪园村致力营造原味乡土村落，彰显苏北石山民居特色，加上地方风情、民间工艺的深入挖掘，推动农旅结合促进乡村发展，变成了当地炙手可热的"最美小山村"。

9. 身心之康养。与城市生活的"快节奏"相比，乡村里富含负氧离子的清新空气、"绿树村边合，青山郭外斜"的乡村自然环境和"开轩面场圃，把酒话桑麻"古朴纯真、恬淡静谧的乡村"慢生活"方式，成为都市人舒缓紧张压力，寻求健康养生的世外桃源。江苏特色田园乡村建设注重引导乡村依托温泉、竹海、森林氧吧等资源，发展休闲旅游、特色养生、田园民宿、医疗养老等康养产业。如常州金坛区薛埠镇仙姑村的特色田园乡村建设，凸显了乡村温泉的吸引力，已成为吸引城市人康养身心的好去处；再如南京高淳区桠溪街道大山村以"国际慢城"·为主题，着力营造"慢生活、慢休闲、慢运动"的乡村环境，推动实现了从一个偏僻落后小山村向特色魅力新乡村发展的逆袭。

10. *山水之画卷*。有颜值的地方就有新经济，乡村山水田园画卷之美和诗意栖居的生活方式，不仅吸引着游客的来访和观光，推动着原住村民的返乡和创业，还吸引着社会资本和新村民的融入。江苏特色田园乡村建设注重推动在青山、绿水、田园、花海、竹林、茶山、古村、乡居等田园本底的基础上，设计建设满足人们诗意栖居的当代美丽乡村。如南京江宁区横溪街道石塘人家通过宜居乡村和美好山水、美丽田园的整体塑造，推动了乡村＋旅游＋美食＋休闲＋培训＋养老＋互联网等资源的跨界整合，实现了由当初的"空巢村"到如今的山水茶竹魅力新乡居的华丽转身。

11. *历史之积淀*。历史文化名村和传统村落是祖先营建人居家园智慧的结晶，农业文化遗产亦是乡愁记忆的重要载体。江苏特色田园乡村建设注重推动使历史的积淀成为乡村振兴的重要文化力量，推动乡村文化遗产的当代复兴。如泰州姜堰区淤溪镇周庄村利用里下河独有的垛岸传统农耕特色景观，再现水乡传统生活风貌和魅力，开发农耕文化、乡土民俗、风光体验等旅游活动；再如南京溧水区白马镇李巷村系统梳理村中红色革命文化资源，组织对陈毅、江渭清、钟国楚等新四军高级将领故居的保护性修缮，布设相关展陈设施，系统讲述抗战时期"苏南小延安"的红色历史，今天的李巷村已成为南京市重要的红色教育培训基地。

12. *乡贤之效应*。乡贤是村庄的骄傲，是村里人的财富，也是乡村发展的重要资源。江苏特色田园乡村建设注重保护、保留、保存与乡贤文化相关的各类物质和非物质文化资源，深入发掘传承乡贤的精神文化，在留住乡愁记忆的同时推动乡村发展。如扬州高邮市三垛镇秦家垛村围绕"秦观故里"打造，保护修缮秦氏老宅及宗祠等，多元再现乡贤名人秦少游的历史生活环境，生动诠释其生平事迹及代表词作等，通过乡贤名人文化影响力的当代塑造，为乡村的时代发展注入活力。

13. **技艺之魅力**。乡村技艺是乡村传统文化的一种重要表达。在全球化、工业化和城镇化的大浪冲击下，乡村传统民俗技艺的被动式保护难以阻挡其式微的趋势，必须通过创造性转化和创新性发展，彰显其独特文化魅力。江苏特色田园乡村建设注重发扬光大乡村的传统技艺，使之不仅可以丰富乡村的日常生活，更可以成为触媒带动乡村的综合发展，成为乡村重拾文化自信的力量。徐州贾汪区潘安湖街道马庄村聚力推动传统香包手工制作技艺的传承创新，建设了香包文化大院、香包文创综合体等新型产业空间，带动村民利用手工香包创业就业，得到习近平总书记的亲自"捧场"点赞；再如南通如皋市如城街道顾家庄发挥"花木盆景之乡"的传统技艺，在特色田园乡村营建和景观设计中融入了盆景制作的文化元素，在发展盆景产业的同时营造了村庄"处处是风景，花木富村民"的独特风貌。

14. **艺术之创作**。在中国乡村从传统向现代嬗变的过程中，乡村的衰落既引发了怀旧的惆怅和伤感，更激发起了有社会责任感的艺术家、设计师、创意人员等的创造激情，艺术介入在如火如荼的乡建实践中，已成为一股不可忽视的力量。江苏特色田园乡村建设注重引导设计师、艺术家等创意人才投身乡村建设与发展。崔愷院士团队在苏州昆山市锦溪镇祝家甸村设计建设的乡村砖窑博物馆，以"轻介入"的现代设计手法激活了乡村工业遗产之美，展陈再现了传统金砖制作之文化魅力，在获得全国田园建筑一等奖的同时，成为广受年轻人喜爱的"网红打卡建筑"，它不仅推动了乡村历史遗存的当代创新利用，还带动了祝家甸村的文化创意产业、乡村旅游业的同步发展，激发了村民改善建设乡村家园的自主积极性。

15. **农民之创造**。乡村是农民世代生活的家园，乡村振兴必须激发农民的主体作用，发挥农村基层组织、致富带头人和新乡贤建设家园、振兴乡村的创造力。江苏特色田园乡村建设坚持党建引领，注重发挥农民群众的主体作用和首创精神，以乡村建设为载体和突破口，引导和激励农民群众共同探寻乡村发展之路。如苏州常熟市支塘镇蒋巷村常德胜老书记，带领全村共同努力，接续推动农业起家、工业发家、生态美家、旅游旺家、精神传家，用集体的力量逐步将当初"血吸虫横行的荒草洼"变身为今天的乡村振兴新典范；再如泰州泰兴市黄桥镇祁家庄村在模范村支书丁雪其的带领下，在特色田园乡村建设过程中积极发挥优秀党员、科技致富带头人的作用，通过创业培训券、创业贷款贴息券等一系列方式支持农民返乡创业，推动实现了由"负债村"向"经济强村"的转变，目前全村外出务工的村民已有约四分之三回乡创业就业。

16. 创新之力量。创新是发展的不竭动力，正如英国思想家约·斯·穆勒所说："今天的一切美好，均是创新的结果。"上述的 15 条路径不可能涵盖乡村振兴和乡村建设行动的多种可能。也许，唯有改革创新，是开启乡村振兴和乡村建设行动"一万种可能"的钥匙。正因如此，江苏特色田园乡村鼓励采用创新思维方式、生产方式、技术手段和治理策略，积极应对解决乡村发展面临的问题。如镇江句容市茅山镇丁庄村通过"产、村、景"联动，在改造升级传统葡萄种植产业的同时，探索形成了"葡醉葡乡"的乡村可持续发展之路；宿迁宿城区耿车镇蔡史庄借力互联网和物流网推动转型，让曾经著名的"捡破烂污染村"变身为"多肉植物淘宝村"；再如连云港赣榆区柘汪镇西棘荡村利用废旧渔网"织出"了绿色经济新发展之路，将曾经一穷二白的"花子村"，转型改造成为今日苏鲁交界的乡村振兴样板村。

三、致力推动内外兼修的综合发展

"让农业成为有奔头的产业，让农民成为有吸引力的职业，让农村成为安居乐业的家园"[13] 是习近平总书记为乡村振兴摩画的美好蓝图，也是乡村建设行动的根本遵循。

围绕党的十九大提出的乡村振兴战略"五个振兴"目标，江苏特色田园乡村建设和苏北农房改善工作，在积极探索乡村多元化发展路

[13]习近平.把乡村振兴战略作为新时代"三农"工作总抓手[J].求是，2019（11）.

径的同时，强调发挥设计的创新力量，梳理、挖掘、激活和彰显乡村的个性魅力与文化特色，提升村庄人居环境功能品质，改善乡村基本公共服务，使乡村美好环境的整体塑造成为推动生态改善、产业优化、改革创新、文化复兴、乡风文明和社会治理能力提升的触媒，带动并吸引人口、资源、技术等要素向乡村回流，使特色田园乡村真正成为"内外兼修、神形兼备"的新时代美丽宜居的乡村家园。

1. 以高水平的设计为引领，建设特色乡村

江苏在特色田园乡村建设实践中，牢记习近平总书记"让居民望得见山、看得见水、记得住乡愁"的要求，充分尊重不同地域村庄在自然条件、生产方式、布局形态、乡风民俗等方面的差异，努力使平原农区更具田园风光、丘陵山区更具山村风貌、水网地区更具水乡风韵。

围绕乡村特色风貌塑造，我们先后印发了《特色田园乡村建设规划指南》《特色田园乡村建设评价命名标准》《江苏地域传统建筑元素资料手册》《乡村营建案例手册》等，对特色田园乡村建设进行指导，还在全国范围内优选专业水平高、乡村设计经验丰富、社会责任感强、愿意服务江苏乡村规划建设的优秀设计师，涵盖规划、建筑、园林景观、艺术设计、文化策划等相关领域，汇编形成《特色田园乡村设计师手册》向基层推荐。经地方自主选择、对口联系，江苏 136 个特色田园乡村建设试点村庄中，有半数试点村庄的规划设计由院士、全国勘察设计大师和江苏省设计大师亲自"操刀"，是历史上高水平规划设计师聚焦江苏乡村最集中的一次。如齐康院士领衔设计的南京江宁区佘村，以"传统村落风貌特质保护与文化激活驱动乡村整体复兴"为发展理念，通过高品质的规划设计和精细化的建设建造，留住了村庄自然生长的"年轮"，实现了村内"七古"历史遗址、明清代建筑群等文化遗产与村落空间的有效织补、串联和修复，打造出蕴含佘村发展印记、特色鲜明的佘村"十景"，营造出充满历史文化魅力和乡土韵味的乡村环境，不仅增强了村民对家园的自豪感，还吸引了一批社会资本进驻，相继开发了林间漫步、溪谷漂

流、房车露营、精品民宿等旅游项目，使一个经济衰退的"空心村"成为承载"城里人"乡愁的诗意田园。崔愷院士领衔设计的苏州昆山祝家甸村砖窑文化博物馆项目，成为村庄活力提升的微介入原点，不仅实现了乡村历史遗存的当代创新利用，更推动了祝家甸村文化创意产业、乡村旅游业、体育休闲产业以及有机农业的同步发展，项目获得住房城乡建设部田园建筑优秀实例一等奖以及"2017—2018年度建筑设计奖"综合奖·建筑保护与再利用类金奖等国家级奖项。王建国院士领衔设计的钱家渡、全国勘察设计大师冯正功设计的倪园村以及江苏省设计大师丁沃沃、张雷、韩冬青、张应鹏、张京祥设计的黄庄村、沙头村、垄上村、马庄村、徐家院和观音殿村，已成为既有"美丽颜值"又有"品质内涵"的特色田园乡村。

2. 以物质空间的改善为先导，建设宜居乡村

事实表明，乡村基础设施不配套、基本公共服务跟不上、人居环境衰败恶化，是导致乡村空心化的重要原因。江苏特色田园乡村建设聚力推动增加乡村基础设施和公共服务设施的供给，改善乡村人居环境，努力使乡村居民享受到更好的公共服务，过上更宜居的乡村生活，同时也致力推动产业结构优化升级和人才回乡创业，实现村庄环境品质、公共服务、产业竞争力和乡村活力的同步提升。如宿迁宿城区耿车镇蔡史庄曾经是著名的废旧塑料回收加工村，虽然村民收入不少，但村庄环境整体较为脏乱，公共服务设施、环境质量较差。启动特色田园乡村建设后，蔡史庄以"水清田沃林丰人居兴旺"的生态宜居家园为发展目标，通过雨污管网改造、环境整治、道路铺设、绿化提升、发展生态农业等举措，不仅实现了村庄环境的"脱胎换骨"，还建成了春赏桃花、夏采蔬果、秋品花茶、冬采草莓的乡村田园，推动了乡村产业的转型升级。今天的大众村已培育形成了特色农业、网络创业、物流快递、塑料制品精深加工四个绿色新产业，从"废弃塑料加工场"变身为"创业梦工厂"。盐城东台市三仓镇兰址村拥有良好的西瓜种植和设施农业的产业基础，在特色田园乡村建设中，兰址村在做大做强乡村优势产业的同时，通过种植乡土农林田网，推广"籽播地被"，美化"田头路肩"，丰富了村庄大地景观层次，改变了乡村环境面貌，还将产业文化融入乡村特色空间塑造，建成江苏首家西瓜博物馆，打造"瓜儿熟了"旅游季，年接待游客超 10 万人次。2019 年，产业强、百姓富、环境美的兰址村获得省级生态文明示范村称号。苏州吴江区谢家路村在特色田园乡村建设的短短两年间，新增二、三产业岗位百余个，创业项目近 20 个。乡村良好的发展环境和发展前景，不仅吸引了著名摄影师、建筑师在村内设立工作室，也吸引了网红农场运营本村蚕桑学堂和自然教育中心等，吸引项目投资超 500 万元。南京江宁区谷里街道，特色田园乡村在全域绽放，农民纷纷回乡创业，农家乐经营户年均收入五十余万元，民宿经营户年收入可达二十万元，还有不少村民将空置房出租，每年也有七八万元的年收入。如今的谷里乡间已成为"城里人的向往，他乡人的羡慕，本地人的自豪"之地。

3. 以改革创新为动力，建设创新乡村

乡村发展能否获得持久的动力，关键要看能不能把"改革"这篇文章做好。特色田园乡村建设积极推动政策机制的改革创新，强化政策的系统集成和制度性供给，推动资金、管理、技术、人才等要素集中配置，为乡村发展注入"源头活水"，让人"流"入乡、留在乡，让钱"流"进村，让地"活"起来，助力村庄提升自身发展能力，推动实现由政府输血到自我造血的转变，使乡村焕发出持久的生命力。

在确定特色田园乡村试点村庄名单时，江苏有意识地将一批省定经济薄弱村纳入了试点范围。对于这些缺乏资源优势，发展相对滞后的经济薄弱村，江苏通过构建特色田园乡村建设与扶贫工作有机衔接、统筹联动的工作机制，整合各类涉农资金，先行先试一批适用农村改革发展的试验项目和能够推广的试验成果，积极探索经济薄弱村的活力复兴之路。截至 2020 年底，纳入特色田园乡村省级试点的 10 个省定经济薄弱村全部实现脱贫目标，走上了持续发展振兴之路。如连云港灌南县新民村，通过整合特色田园乡村专项

[14]灌南县新民村：党旗下的新农村田园梦.
2020-12-5. https://www.360kuai.com/
pc/90030f45d12438a86?cota=3&kua
i_so=1&sign=360_57c3bbd1&refer_
scene=so_1.

奖补资金和省财政扶贫项目资金，大力发展稻田综合种养，建成了稻渔果示范基地，生产的"云稷福"大米入选 2018 年"江苏农产品品牌目录"名单。目前农业规模经营比重已超过 60%，村集体收入连续两年超过 30 万元；农民年人均纯收入从当初的 3000 元左右增加到 2019 年的 2.1 万元，村庄还获得了全国乡村治理示范村、省首批生态文明建设示范村等荣誉称号[14]；宿迁沭阳县山荡村，在"五级书记"抓扶贫和乡村振兴的领导机制支持下，将脱贫攻坚与特色田园乡村建设有机结合，整合各条线相关支持政策，"集中力量"办大事，推动资金、项目、人才投向花卉苗木种植等优势产业，实现了特色产业快速发展，村集体收入从 16 万元增加至近 70 万元，村民年收入从 1.8 万元增加至近 3 万元；南京市高淳区垄上村、小茅山脚村，按照"确权、赋能、搞活"的基本思路，紧紧扭住土地这个核心、产权这个关键，深化农村承包地"三权"分置制度和集体产权股份合作制改革，积极推动集体资产股权"量化到人、固化到户、户内继承、社内流转"，通过盘活集体存量建设用地和闲置宅基地，唤醒了乡村"沉睡的资产"，激发了村民和市场参与的积极性，目前村民人均收入已超过 2 万元。在面上创建阶段，结合苏北农房改善工作，苏北有 45 个新型农村社区同步建成为建设品质高、公共服务好、产业发展优、环境条件佳、文化特色足、群众满意度高的特色田园乡村。如原省定经济薄弱村宿迁市宿豫区振友新型农村社区以"荷藕＋水产"为产业发展方向，结合特色田园乡村建设同步打造万亩荷藕产业基地，开发藕汁、藕粉等特色产品，集体经济收入由 2018 年 52 万元增加至 110 万元，低收入农户脱贫率和有劳力户就业率均实现 100%，成为社区居民安居乐业的幸福家园。

4. 以推动特色产业发展为主导，建设活力乡村

产业是乡村活力的基础，乡村振兴首先是产业振兴。江苏特色田园乡村建设把培育农业竞争优势强、比较效益好的特色主导产业放在优先位置，在推动培育"土字号""乡字号"农产品知名品牌和地理标志品牌的同时，积极推动延伸农产品产业链，改变乡村以传统种养业为主、产业链条短、业态单一的状况。如泰州兴化市东罗村与江苏省农科院、SGS（瑞士通用公证行）、万科农产品与食品检测实验室等专业机构合作，推出定位中高端的特色农业品牌"八十八仓"，形成了包括兴化大米、大麦若叶青汁、"珍膏兴"红膏蟹等系列品牌和产品线，同时发挥万科物业公司联结城市居住社区的优势，将优质农产品直供市民，实现了农民致富、乡村发展、企业拓展乡村市场的多赢目标；常熟市支塘镇蒋巷村围绕"绿色生态健康"现代农业品牌打造，大力开展村庄和田园生态环境修复，形成了天蓝、地绿、水净的自我循环的乡村自然生态系统，生产的大米等产品获得中国绿色食品中心认证和江苏省农业委员会无公害产品认证，成为行销全国的"热门货"。

在推动农业转型升级的同时，江苏在特色田园乡村建设中顺应人民对美好生活的更高要求和城乡居民消费升级的发展趋势，立足不同乡村资源禀赋，着力营造集山水美景、田园风光、现代产业、乡愁记忆为一体的空间环境，满足人们对"看得见山，望得见水，记得住乡愁"的生活愿望，大力发展旅游观光、休闲度假、农耕体验、创意农业、养生养老等适宜产业，以"生态 +""互联网 +""创意 +"等方式，促进一二三产业融合发展，构建"接二连三"的农业全产业链。如常州溧阳市牛马塘村，依托红薯种植传统，推动优质红薯生产和红薯干、红薯酒等农产品加工发展，村里的红薯从原来的每斤 3 毛多卖到了每斤 10 元多。与此同时，以"薯文化"为主题，积极开发红薯文创产品，短短两年多，村里建成了红薯农场、红薯文创专营店、红薯博物馆、红薯西餐厅、红薯酒吧等一系列休闲旅游体验场所，全村每年游客达 30 万人次，旅游相关收入从当初的不到 1 万元增长到 1200 万元，成功地从一个偏僻的空心村变身为富有文艺气息的乡村旅游网红村，用"小红薯"写出了乡村振兴的大文章。

5. 以乡村环境共建共享为载体，建设和谐乡村

乡村治理是国家治理的基石，没有乡村的有效治理就没有乡村

的全面振兴。江苏特色田园乡村建设深度融入"共同缔造"理念，把强集体、育乡风、促治理列为重要的工作目标，在工作推进中充分发挥基层党组织的战斗堡垒作用和村民的主体作用，推动乡村建设全过程陪伴式服务，建立了设计人员驻村服务制度和特色田园乡村建设试点的基层实践"一对一"联动制度。设计师团队与乡村基层党组织、村集体、村民密切配合，共同设计、共同谋划、共建共享，不仅使乡村规划设计成果更接地气、更受欢迎，也推动形成了乡村建设发展"民事民议、民事民办、民事民管"的多层次协商格局，使特色田园乡村建设过程成为推动构建乡村治理新格局，培育文明乡风的过程。常州溧阳市塘马村在特色田园乡村建设中，通过建立村民议事堂，健全村级议事协商制度，搭建村民参与乡村建设和治理的平台，完善了村民表达诉求和意愿、保障权益、协调利益的机制，让村民成为乡村建设的"话事人"，在推动乡村人居环境改善的同时积极营造"睦邻家园"；徐州贾汪区马庄村在特色田园乡村建设中坚持党建引领、"文化兴村"，通过文化礼堂、村史馆、民俗文化广场和香包文创综合体等公共文化设施建设，以图片、实物、文字和各类民俗文化表演、非物质文化遗产展示等形式，真实记录党领导下乡村的百年巨变，展现了村庄发展的历史脉络、文化特色以及社会和谐之美，促进了农民精神风貌和社会文明程度的同步提升。马庄村的村民乐团远近闻名，2017年12月习近平总书记走进了村文化礼堂，饶有兴致观看了他们为宣讲十九大精神排练的一段快板。习近平说，加强精神文明建设在这里看到了实实在在的落实和弘扬。[15]

四、探索发挥由点及面的区域带动作用

经过三年多的持续推动，到2020年底全省已有通过验收命名的省级特色田园乡村324个，覆盖了93.4%的涉农县（市、区），江宁、高淳、兴化、吴江等县（市、区）的省级特色田园乡村数量已超过10个，特色田园乡村建设已经由点的示范向区域延伸，"星星之火"渐成"燎原之势"。

[15]习近平：实施乡村振兴战略不能光看农民口袋里票子有多少 [Z]. 央视新闻，2017-12-13.

2020 年，江苏省委、省政府印发《关于深入推进美丽江苏建设的意见》，明确将特色田园乡村建设作为"十四五"期间美丽江苏建设的重要抓手，提出全面推进美丽田园乡村建设，要求"到 2025 年建成 1000 个特色田园乡村、1 万个美丽宜居乡村"。未来，更多的特色田园乡村建设实践必将在江苏大地上生动展开。在此背景下，为更好地发挥特色田园乡村建设对乡村振兴的集聚示范效应，2020 年 12 月出台的《江苏省特色田园乡村建设管理办法》明确"支持特色田园乡村数量较多、空间分布相对集中的县（市、区）开展特色田园乡村示范区建设"。

一些地方在率先实践过程中，看到特色田园乡村建设对乡村面貌改善、乡村活力增加、在地农产品销售的积极作用，以及吸引城市人口、资本和要素资源下乡的推动作用，已经有意识地推动特色田园乡村建设与农房改善、高标准农田建设、农业现代园区发展、特色小城镇建设以及乡村旅游发展等有机联动，并通过"四好农村路"和乡村风景旅游绿道等串联整合，推动串点连线成片，已初步形成乡村振兴示范区的雏形。

为推动特色田园乡村建设工作，苏州市构建了"特色精品乡村 – 特色康居乡村 – 特色宜居乡村"市级工作体系，其中特色精品乡村即对标省级特色田园乡村。吴江区在此基础上，结合长三角一体化发展示范区建设，深度挖掘江村等乡村文化品牌资源，建成了谢家路、洋溢港、许庄、开弦弓、南库、黄家溪、金家浜、沈家坝、东庄田、北上、后港村等一批省级特色田园乡村，并积极谋划推动长漾、元荡、同里、桃源、浦江源、八圩运河 6 个特色田园乡村示范区建设。以长漾湖特色田园乡村示范区为例，38.52 平方公里范围内的所有域内村庄都达到了市级特色宜居乡村标准，并建成有 3 个省级特色田园乡村、1 个市级特色田园乡村、86 个市级特色康居乡村。在产业上，大力塑造"吴江太湖蟹""吴江香青菜""长漾大米"等农产品品牌，积极培育"蚕桑园""苏小花""村上·长漾里""米约""齐心小龙虾"等农文旅融合品牌；在文化上，以"中国·江村"

乡村振兴品牌为纽带，大力创制 IP、LOGO 等文化载体，推动形成区域文化共识；在空间上，建设环长漾"稻米香径"道路串联特色镇村，包括震泽镇、盛泽镇、平望镇、桃源镇、七都镇等历史文化名镇和特色小城镇，统一设置标识标牌，推动镇村联动发展振兴。目前，以长漾特色田园乡村示范区为核心的"美美江村"乡村旅游线路，已入选省级乡村旅游精品线路，正积极联系对接上海青浦区和浙江嘉善县，探索构建跨界融合的长三角一体化发展示范区的乡村精品游线，力争早日建设成为长三角一体化发展示范的乡村振兴典范。

盐城市将高标准推进苏北农房改善工作、建设高品质新型农村社区和特色田园乡村建设有机融合，全面推动农房改善工作从 1.0版向 2.0 版迈进，全市共有 30 个新型农村社区被命名为"江苏省特色田园乡村"，特色田园乡村建设和农房改善工作的深度融合，有力推动了乡村面貌的显著提升，建设成效甚至让苏南、苏中干部群众羡慕赞叹。在此基础上，盐城市有意识地推动特色田园乡村、新型农村社区建设和河道整治、滨水绿道、慢行步道、自行车道的建设结合起来，目前蟒蛇河沿线、环九龙口地区等，已经初步形成富有魅力的乡村特色示范区雏形。

宿迁市宿豫区，在幸福大道沿线先后建成了林苗圃、双河里、朱瓦、振友、涧河村等一批省级特色田园乡村，同时结合苏北地区农民群众住房条件改善工作一体化综合布局了梨园湾、曹家集、白鹿湖、启宇、六塘河等新型农村社区。围绕特色田园乡村的建设和新型农村社区的布局，同步推动 10 万亩果蔬基地、10 万亩休闲农业和乡村旅游农园的打造，以农旅融合为特色，以绿色生态为基底，以产业集群为优势，建成了杉荷园、石榴园、梨园湾、林苗圃等自然生态观光园和省级宿豫现代农业产业园，培育形成了"香溢王庄""梨园人家""水韵双河""活力朱瓦""田园河西"五个特色片区，同时串联整合了大兴、来龙、新庄、关庙、仰化镇等重点镇和特色镇。为满足日益增长的乡村旅游需求，在幸福大道沿线综合布置了5 个一级驿站、14 个二级驿站和 13 个旅游停留兴趣点。建成后，先后接待游客 794.22 万人次，实现旅游总收入 77.2 亿元，获评"全国休闲农业与乡村旅游五星级示范点"。

常州溧阳市对接省级特色田园乡村建设打造，推动实施"美意田园"行动，按照"村庄分类优布局、组团联动显特色、串点连线成网络、试点先行强示范"的思路，系统推进全域特色田园乡村建设。依托著名的"网红 1 号公路"、重点景区、农业园区和特色片区，规划建设形成 18 个市域特色田园乡村组团，形成全域景村共建的整体格局，通过沿线村庄打造，布置驿站、茶舍和观景台等功能配套设施，让村民走出田头，让产业走进乡村，打通绿水青山与金山银山之间的通道，实现田园山水、地域文化和乡村产业的振兴与融合。目前，已建成礼诗圩、牛马塘、塘马、杨家村、南山后、陆笪、陆家村等一批省级特色田园乡村，带动建成溧阳市级美丽宜居乡村 524 个。以曹山片区为例，它围绕省级特色田园乡村牛马塘的打造，持续实施北厂、留云、牛头山、李家庄村等特色田园乡村建设，大力发展杨梅、蓝莓、黑莓、碧根果、猕猴桃等特色农业项目，积极探索农产品深加工发展路径，形成了一批具有地域特色和品牌竞争力的农业地理标志品牌，引进了曹山花居等社会资本投资项目，吸引了 400 万游客前来参观、体验，村集体平均收入增加超百万元，农民人均收入从 1.5 万元快速增加至 4.5 万元。

南京市江宁区立足乡村建设高质量发展定位，明确所有 316 个规划发展村庄均按照产业、文化、生态、治理、富民"五位一体"联动发展要求建设特色田园乡村。在此基础上，重点推动发展 20 个特色田园乡村建设组团，支撑形成 4 个各具特色的特色田园乡村示范片区：西部丘陵田园乡村片区、中部水乡田园乡村片区、东部人文田园乡村片区、南部山地田园乡村片区，通过片区、组团、点三个层级系统构建形成"420316"特色田园乡村建设格局。以西部丘陵田园乡村片区为例，以黄龙岘、徐家院、观音殿、史家、大塘金村等省级特色田园乡村为示范标杆，带动建成了 58 个市级美丽乡村，同步培育了 1 家家庭农场、4 家农民专业合作社、4 家农业产业化龙头企业等新型主体，打造出"黄龙岘茶叶""苏家小烧""大塘金薰衣草"等8个特色农产品品牌。片区以160多公里长的乡村特色风景路串联，沿线配套建设了晏湖驿站、骑友驿站等15个乡村驿站，已成为南京都市近郊广受欢迎、独具魅力的乡村旅游目的地。在其特色田园乡村示范区建设培育过程中，注重引导农民通过房屋租赁、土地流转、合作经营、扶持创业和帮助就业等多种渠道增加收入，并通过入股合作、自行开发和兴办合作组织等多种方式，盘活了集体资产、存量建设用地和自然资源。片区内农民人均收入从2017年的3.27万元，增加至2020年的4.15万元，村均集体收入增长超过百万元。

这些地区的成功实践揭示出：在乡村振兴村庄"点"的建设实践基础上，通过村庄与山水田园的整体塑造，通过特色田园乡村、特色小城镇、现代农业园区、旅游景区的整体打造，可以形成以自然田园为特色本底、以乡村特色产业为发展抓手、以乡村文化和乡愁魅力为精神内核、以当代镇村为公共服务节点，通过滨水空间、四好农村路、风景旅游绿道、慢行步道等的串联，形成集山水美景、田园风光、现代产业、乡愁记忆为一体的连片空间，集成展现特色产业、特色生态、特色文化，成为能够体现乡村振兴现实模样的当代乡村魅力区，彰显乡村的田园风光、田园建筑和田园生活意境，呈现美丽乡村、宜居乡村、活力乡村的现实模样，成为人民群众可观可感、可深度体验的乡村振兴魅力区。

五、探索在路上：乡村振兴开启的"一万种可能"

习近平总书记指出："实现乡村振兴是前无古人、后无来者的伟大创举，没有现成的、可照抄照搬的经验。"江苏特色田园乡村建设和苏北农房改善工作，是通过改革创新，在改善乡村物质空间、强化美好环境整体塑造的同时，联动推动乡村经济社会转型发展、重塑乡村魅力和吸引力的积极探索。

江苏乡村建设实践给乡村带来的巨大变化，让我们更加深刻地认识到国家在完成全面建成小康社会脱贫攻坚任务之后，在开启全面建设社会主义现代化国家新征程之际，部署实施乡村建设行动的极端重要性：因为农业现代化不仅要保护基本农田，还要建设高标准农田，用现代科技、现代经营理念改造传统农业，发展智慧农业、高效农业、现代农业；因为农村现代化，不能止于农危房改造和农村人居环境整治，还要系统规划建设、改善农民的生活环境，为农民群众提供更好的住房，提升乡村的基本公共服务水平；因为生态文明的推进，不仅要管控好山水林田湖草，还要推动生态整治和修复，还乡村以山清水秀；因为中华文明的复兴，不仅要基于保护传统村落和农业文化遗产，更要以新时代的文化自信推动中华农耕文明实现新发展阶段的文化复兴振兴。

同时，我们认为乡村建设行动的实施，必须强调因地制宜、因村制宜，因为中国地大物博，乡村发展的区位条件、自然禀赋、经济发展、文化习俗、人口规模、发展基础等因素千差万别，因此不存在一个相同的发展范式、统一的乡村建设模式，乡村建设行动需要深入挖掘不同村庄在产业、文化、生态、空间等方面的特色资源优势，并在区域协同和城乡融合发展的背景下综合规划考量、系统推动建设实施，方能彰显乡村多元价值、绘就新时代"各美其美、美美与共"的"富春山居图"。

习近平总书记指出：实施乡村振兴战略是一项长期而艰巨的任务，要有足够的历史耐心。下一步，我们将继续认真落实中央和省委省政府相关部署要求，进一步立足省情特征，深入实施乡村建设行动，致力使今天的建设成为明天的文化景观，为贯彻落实习近平总书记对江苏"争当表率，争做示范，走在前列"重要指示做出更大贡献。也希望江苏的实践探索，能够为地方决策者、实践者、建设者带来启发，引发更多的延伸思考与创新实践，共同努力推动实现总书记提出的"中国要强农业必须强，中国要美农村必须美，中国要富农民必须富"的奋斗目标，也为世界解决乡村发展问题提供中国智慧和中国方案。

Contents 目录

03 建设名录

COUNTRYSIDE
—
Jiangsu Explore for
Rural Vitalization

01

记者观察

让"特色田园"梦想照进乡村振兴现实
——江苏田园乡村建设行动观察

◎ 汪晓霞

【引言】

春天是希望的季节。2017 年 3 月的春天，在秀美的长白荡湖畔，在"微改造"后兼具传统与现代魅力的苏州祝家甸村砖窑文化博物馆内，"当代田园乡村规划建设实践研讨会"的举办，就在江苏大地上催生出一场关乎乡村振兴的希望之举。

我是这次研讨会的采访者之一。2017 年 3 月 28 日，参与此次研讨会的全国数百名专家学者联合发布"当代田园乡村建设实践·江苏倡议"，旨在为我国乡村综合发展提供新理念、新路径和新方法。

当时的我，更多把这次研讨会视为专业情怀倾注乡村建设的又一次展现。因为自 2006 年始，江苏便致力于乡村规划设计，率先在全国完成乡村规划全覆盖；其后的多个乡村建设行动，也屡见设计师亲近乡村的身影。

2017 年 3 月 31 日，我采写的通讯《乡村复兴，需重塑田园之美：规划大师齐聚昆山倡议推动田园乡村建设》在《新华日报》刊发，时任江苏省委书记李强当天在版面上作出批示："此事很有意义！省住建厅要跟踪服务，及时指导，做出特色。"当江苏省住房和城乡建设厅周岚厅长将这一批示转达我时，我这才意识到，这次专业会议的倡议或成为一个"四两拨千斤"的"支点"，在多年来求索城乡融合发展之路的江苏撬动起新的转机。

2017 年 6 月，江苏省委、省政府做出重大决策部署——启动特色田园乡村建设。江苏把这一新举置于战略全局，与苏北农房改善、美丽乡村建设、传统村落保护、农村环境整治等重点工作结合起来，

汪晓霞 新华报业传媒集团高级记者

把自然景观、特色产业、历史文化和镇村资源整合起来，让其承载起江苏全面进行乡村复兴的现实祈愿。

2017年10月召开的党的十九大提出乡村振兴战略，江苏特色田园乡村的探路与这一国家战略的目标内涵高度契合，"特色田园"的梦想已然照进乡村振兴的现实。

"你必须双脚踏在土地上"

——田野调查描摹乡村新图景

从不同维度观察已持续推进3年多的特色田园乡村建设，我认为它是一篇内涵格外丰富的"大文章"，而它的丰富内涵，建构在广泛、持续的田野调查基础之上。

早在2014年，中国工程院院士崔愷带领下的设计师团队就已在祝家甸村展开田园乡村的设计尝试，随后在5年多的时间里，他们以驻村规划师的身份，全过程跟踪参与特色田园乡村实施，提供陪伴式成长服务。特色田园乡村建设全面推开后，这样的"全程陪伴"在广袤的乡野大地轮番上演。

"乡村千姿百态，没有固定模式和套路，我们或许可以有观念的共识，而最重要的共识就是你必须双脚踏在土地上。"东南大学建筑学院院长韩冬青的一句话让我深有感触。长期以来眼光更多停留在城市的设计师们，在沉入乡村后，也有了难能可贵的专业感悟和反思。

盐城东台一个特色田园乡村的设计团队，在拿出方案之前，经历了43次田间座谈、12次内部座谈。在三仓镇兰址村，他们请50位村民佩戴GPS一星期，在电脑系统里收集其生产、生活路径，同时发放问卷，梳理其时空轨迹及出行偏好，据此对村里公共服务设施和公共空间做出适应需求的改造。

驻村调研，让设计师开始关注新时代背景下乡村在生态、文化、产业、游赏等方面的多元价值，梳理、激活村庄发展资源，寻找与城市差异化但更加平等的发展路径。

设计团队里，建筑、园林、市政、交通、产业、文化等规划设计师往往一应俱全，他们注重发挥多专业协同的优势，挖掘、归纳、研究乡愁的内在特征和空间属性，以经济学的方法、地理学的视角和历史的多重维度审视并突出乡村建设中农业文明的传承、延续和发展，糅合进与农民利益切身相关的内容。

在长期的乡村建设实践中，江苏已有设计师下乡的经验积累，《2012江苏乡村调查》曾创下历时15个月、行程54617公里、覆盖283个乡村的乡村调查记录。特色田园乡村建设过程中，在主管部门统筹下，各设计师团队展开田野调查和社会调查的深度和广度都更胜一筹，是高水平设计师聚焦江苏乡村最集中的一次！

接续式的田野调查，让设计者们逐步廓清了"我们需要什么样的乡村"这一时代命题的答案。而我认为，它同时打开了国内规划设计领域人才成长的新切口，这绝非一次大规模的专业"炫技"，而是真正俯下身来，认真汲取乡村的营养，展开适时有用的智力加持；田野调查更引发新一代知识分子对乡村的由衷关切，并得以洞察真实的中国社会，对牵引乡村振兴这一宏大的时代变革意义深远。

坚守"人"这一核心
——内生治理激发出"热气腾腾"的乡村

近年来，乡村游方兴未艾，但人们却常常感到乡村建设"有形无神"，这是因为缺乏关键要素——人。

特色田园乡村建设基本内涵丰富，但决策者和实施各方均达成一个共识：核心在"人"。培植乡村内生治理能力，是实现以"人"为核心的所有举措的根基。唤起农民自主管理的热情，让他们有实实在在的获得感，才能激发出一个个"热气腾腾"的乡村。

南京大学建筑与城市规划学院教授张京祥说过这样一段话：乡村要素的净流出支撑了中国城镇化上半场的绚丽多彩，而中国城镇化下半场成功的关键则取决于乡村发展的成败。如何让农民主动参与到乡村建设当中来，如何能够将多方力量在乡村发展这个主题上聚焦并形成合力，是乡村建设的重点和难点。

聚合各方力量的乡村内生治理，底色是尊重和保障原住农民的参与权和受益权。一些特色田园乡村建设团队，不仅有规划设计专业人士、企业组织、运营管理机构，同时聘用乡村工匠和村支书担任乡村顾问，并有大量村民代表。南京青山村垄上在建设过程中，就按照5户产生1名村民代表的方式，选举成立村民代表大会，发动农村经济能人、大学生、退伍军人等参与乡村治理，村民们参与规划设计前期调研、后期规划设计方案实施、项目运行管理全过程，同时对村集体、社会资本进行监督。

担任徐州陈油坊村特色田园规划设计的团队，通过调查问卷向村民集智，他们发现，设计方案中的产业定位及部分"大拆大建"的思路遭到村民反对，最后确定的方案遵循民意——村庄改造"微整形"；确定发展葡萄产业，从种植向酿酒等二产延伸，设立榨油作坊，弘扬榨油古文化；村里也不搞大面积绿化带，主要通过菜园优化生态。

聚焦"人"，特色田园乡村得到善治。村庄抓紧补齐供电、通信、污水垃圾处理等基础设施短板，适当增加旅游、休闲、停车等服务设施；义务教育、健康养老、就业服务、社会保障等基本公共服务在城乡之间也逐步向布局合理、质量相近、方便可达性大致相同靠近，让农村居民与城市居民一样享受现代化的生活。

乡村善治，引来源头活水，"治"活了产业、提升了收入。江苏引导试点村庄挖掘、找准最有优势的1～2个特色产业，"一村一品一店"助力乡村产业特质塑造，每个行政村培育一项特色产业、围绕特色产业建设一家网店，农业技术专家到户到田开展现场指导，建立完善稳定的利益联结机制，让农民在"接二连三"的农业全产业链中受益。

乡村善治，"治"出宜居宜业的的精彩蝶变。常州塘马村引入社会资本成立农业公司，以每年每亩地 800 元租金，流转村民土地，打造"我家自留地"产业项目，分割成块的土地以一年 2000 元的租金供城里人租地种菜，聘请本地菜农当"田园管家"，集体收入和农民收益"双提高"。塘马村成为"网红村"后，又吸附一批"能人"前来投资，创建文创基地等，村民也被带动起来进行特色手艺等自主创业。"小村庄"联姻"大资本"，"造血"机制快速建立。

乡村善治，还"治"出新一代职业农民。在特色田园乡村建设过程中，江苏立足现代农业产业发展，加快培育专业大户、家庭农场经营者、农民合作社和农业龙头企业带头人。南京市江宁区不仅组织原住农民参与技术培训，而且培养了一批有文化、懂技术、会经营的青年大学生新型职业农民队伍，下乡务农的大学生分布在农业科技服务、生产服务、农产品加工、兽医副手和农产品销售等岗位上，他们以自身的实践，努力寻求"谁来种地、如何种好地"的答案。

唤醒沉睡的乡村之美
——从文化迷失到精神家园重塑

我在记忆库存里搜寻到泰州东罗村的罗香子老奶奶。2018 年 1 月 18 日下午，村里的东罗大礼堂内，人头攒动，座无虚席，兴化市淮剧团送戏下乡，80 多岁的罗奶奶看得津津有味，老人一周前才赶到礼堂看了老电影《智取威虎山》，很快大戏又至，她连说"好看，高兴"。满场洋溢热烈而欢快的气氛，让人不禁感到，那些因长期缺少文化浇灌而出现的"精神荒园"正在消弥。

东罗村牵手万科地产，在"国资平台＋社会资本＋村集体经济组织"的发展模式引领下，提升颜值、升级产业，当地独特的垛田农耕文明成为多元农业生产的"土壤"：建于 1953 年的东罗大礼堂修旧如旧，既留存鲜明的历史印记，又肩负百姓大舞台、村民大讲堂、议事堂、乡村婚礼举办等现代功能；"兴化乡村发展展览馆"展现乡村沧桑变迁史；400 多套老庄台与 150 套新区建房并存，古村风格与现代农村气息和谐交融；新建村民服务中心、村民大食堂、党建教育基地，让乡土情感链接更强，抵抗了乡村文化的功能性过时。

参与江苏特色田园乡村设计工作的浙江规划设计师陈安华，多年来一直呼吁"让乡村回家"。他说，"我们的乡村现在离城市越来越近，离乡村越来越远"，这个"远"不是距离上的远，而是指乡村从外在形象到内涵，与城市越来越相像。

滚滚向前的城镇化车轮，让乡村陷入文化迷失的泥淖，失去了自我发展的方向。值得庆幸的是，特色田园乡村建设，正在让乡村"回家"——

通过深入的田野调查，设计师们深感，乡村是比城市更脆弱复杂的生命共同体，需小心呵护"原生秩序"的生命力与感染力，就像把散落和埋没已久的一颗颗珍珠，重拾起来，拂去尘土，擦拭干净，以时代审美和多元创意再谨慎串联，呈现出更耀眼的光彩。

踏访江苏特色田园乡村，徐州倪园内可仰望国学遗风，苏州冯埂上可追寻数百年前文学、思想、戏曲大家的足迹，南京李巷则可感触"苏南小延安"的红色基因……"特色文化"让乡村形神兼备，内心充盈。

在特色田园乡村建设理念策源地祝家甸村，出现了令人欣慰的现象——村里产业兴旺，村民收入增多，纷纷翻新建设自己的房屋，到 2020 年全村已有 145 户进行了农房自我翻新。与以往不同的是，他们不再照搬欧式西洋小楼风格，而是以各种精细的装饰构件体现江南本土文化，竹子、瓦片、青砖等传统材料也被更多使用。村民们已经有了尊重过去、尊重江南记忆的文化自醒，"乡村回家"的模样多么让人欣喜！

"实施乡村振兴战略，不能光看农民口袋里票子有多少，更要看农民精神风貌怎么样。"习近平总书记曾经到访的徐州市马庄村以党建为基石，梳理文化要素和重点，非物质文化遗产香包、农民乐团、中药文化、两汉文化都成为支撑乡风文明和产业发展的重要"力量"，探索出苏北资源枯竭地区的乡村发展模式，体现了从农耕时代到工业时代到生态时代再到文化时代的乡村发展之路。

延续地域空间、传承特色文化、葆有生活温度、展现精神风貌，"记得住乡愁的城镇化"和"有根的现代化"已然可及！

现代化建设新阶段的一场深刻革命
——需足够的历史耐心和发展定力

江苏在构建新型城乡关系的视角下思考和推进特色田园乡村建设，致力于建设物质和精神、有形和无形、服务和治理、发展和生态协调并进的特色田园乡村，力争让城市和乡村成为人们不同生活方式的平等选项，彼此相互依存且价值共享。

人才、资金、技术、管理等要素由城市流入乡村，特色田园乡村建设所形成的农村产业，又吸引城里人返乡就业，同时农副产品又源源不断地流入城市，城乡互为反哺，有机共生共荣。就像涟漪一样，相互推动、抵达。这样的探索，正演化成现代化建设新阶段的一场深刻革命。

不过，特色田园乡村建设是一项复杂的系统工程，需以历史的眼光，既立足当前，又着眼长远，始终坚持"快""慢"并进的辩证思维——

从宏观层面看，"快"，主要体现在省委、省政府决策快、力度强。抓住江苏步入工业化后期的发展点节、果断拉开特色田园乡村建设大幕，迅即建立工作联席会议制度，分管副省长担任召集人，联席会议办公点设在江苏省住房和城乡建设厅，近20个部门的负责同志为联席会议成员，大家"渠道不变、统一安排、各记其功、形成合力"，及时研究解决重要问题。这一机制的高效持续运转，为特色田园乡村建设提供了强大的顶层设计动力。

"慢"，体现在特色田园乡村工作启动之初，省委、省政府决策层就清醒提出：乡村复兴少则10年，多则30年。各地各部门主要领导同志需加强学习研究，亲自部署推动，把握好内涵、方向和路径，始终保持历史的耐心、发展的定力。

从操作细节上看，也是"快""慢"相宜，对方向明确、实践有基础、认识比较一致的改革，加快推进、率先突破；对目标明确、取得共识但具体办法还需要完善的改革，先安排试点、积累经验；对认识上仍有争议但又必须推进的改革，在一定范围内先行先试、趟出路子。本着对事业负责、对未来负责的态度，积极稳妥、循序渐进。

在科学的发展思维指导下，纠错、容错的良好机制也建立起来。比如，"进门了，未必就能顺利毕业"，说的是即便列入省特色田园乡村试点，但一旦评价考核不过关，就不予认定命名，也不给予事后奖补。对先行先试的有益探索和大胆改革，会给予真心支持和奖励，对难以避免走的弯路、交的"学费"，也会充分理解、容错免责。一切都有赖长期实践，不断修正。

我在采访时还捕捉到这样的信息，特色田园乡村建设吸引一批年轻人返乡创业，但"凤还巢"后，也有人因看病困难、幼子入学不便等原因再度返城。乡村一体化公共服务仍有痛点，增强乡村黏性，还需下功夫。后续如何建立科学管理和持续运营的新机制？如何开展配套的宅基地使用制度改革、集体经营性建设用地入市、国土空间全域综合整治？这些都考验恒久的智慧和耐力。

【后记】

"乡村，是从未停止追寻的诗和远方。"参与特色田园乡村建设的设计师汪晓春说的这句话引人共鸣，曾居住在上海的英国人 Frank 应该就是其中一位，他在南京找到了心目中的"诗和远方"，于是迁居而来，与原生的田园风光、原真的乡村风情、原味的历史质感为伴。

到 2022 年，江苏将创建 500 个左右省级特色田园乡村，同步带动市、县共同开展特色田园乡村创建。当越来越多的人认知乡村、亲近乡村、扎根乡村，体味时光悠长、寻找心灵慰藉、播种未来希望、望得见山、看得到水、记得住的乡愁定会谱成一曲荡气回肠的田园牧歌，在历史的长河生生不息、久久回荡。

COUNTRYSIDE
—
Jiangsu Explore for
Rural Vitalization

田园乡村　特色田园乡村　乡村建设行动的江苏实践

02

实践案例

山村的魅力重塑之旅：
南京佘村

　　佘村是江苏省省级特色田园乡村，因为拥有"江宁九十九间半"之称的潘氏老宅，被称为"金陵古风第一村"。村前一口大水库，村子中央一片水稻田，稻田边一大片明清风格的古建筑，四面群山环抱……江苏南京"小川藏线"的开通，"带火"了南京江宁区青龙山下东山街道佘村的旅游，刚从山道"探险"下来的游人，又沉浸在这诗画一般的静美乡村里。

学习强国·江苏学习平台 2019 年 8 月 19 日

刘大威　江苏省住房和城乡建设厅
副厅长

佘村是南京江宁区东山街道的小山村，村庄常住人口2190人，565户，村庄面积16.46平方公里，下设6个自然村，距离南京主城约10公里。佘村是省级传统村落和南京市古村落保护村，其建村史最早可追溯到元末明初，距今已有640多年历史。村中的潘家祠堂、潘氏住宅等明清民居被列为南京市文物保护单位。

　　可是在特色田园乡村建设之前，佘村却是一个环境陈旧、人口外流的经济薄弱村。历史上的佘村以开采石灰矿为支柱产业，后因过度开采，导致生态环境破坏。2005年矿场关停后，佘村集体收入锐减，又因地处山坡，耕地缺乏，乡村人口外出打工，且多从事保安行业，被当地人戏称为"保安村"。村内公共服务设施不足，建筑质量参差不齐，风貌陈旧；周边的山水资源"沉睡"散落，无人问津；村内的潘家祠堂、潘氏住宅等明清建筑也因住户外迁，年久失修，出现损毁甚至坍塌，失去了原有的光彩……

废弃的石灰窑、采石场和堆土坑

村内农房质量参差不齐，风貌零乱

历史建筑缺乏维护，日趋破败

　　2017年8月，佘村王家入选首批江苏省特色田园乡村建设试点村，开启了佘村的魅力再现和活力复兴之旅。由齐康院士领衔，东南大学建筑研究所、南京大学规划设计研究院组成的专业设计团队，对佘村及周边的特色资源进行了深入挖掘和梳理。

佘村的振兴之路从挖掘特色开始

　　村庄周边山水资源丰富：佘村三面依山一面临水，村庄坐落在青龙山、黄龙山、大连山三山环绕的山谷中，毗邻佘村水库和横山水库，

佘村自然山水资源

周边山林植被郁郁葱葱，村庄依地势而建，具有得天独厚的山水田园资源。

村内历史人文底蕴丰厚：佘村王家是第一批省级传统村落，拥有着丰富的历史文化资源。村中不仅存留着南京市文物保护单位潘家祠堂、潘氏住宅等明清建筑，还有古井、古树、九龙埂等"七古"历史遗址和佘村锣鼓、庙会、传统铁器、石刻、制窑等传统手工技艺和非物质文化遗产。

佘村历史人文资源丰富

毗邻大都市的区位优势突出：佘村距离南京主城、东山副城仅 10 公里。同时地处青龙山郊野公园启动区，周边环境配套建设日趋成熟。

在对佘村内外特色资源系统、深入挖掘的基础上，设计团队明确了以"传统村落风貌特质保护与文化激活驱动乡村整体复兴"的发展思路，提出努力发挥和放大山水人文特色资源优势和邻近南京大都市的区位优势，重塑佘村山水田园格局，保护、串联和活化历史文化遗存，精心设计、建设高品质的公共空间和服务设施，构建农旅文融合的乡村产业联动发展模式。

村庄规划设计总图

共同设计、多元参与、专业指导、在地建设

特色田园乡村建设试点启动后，佘村所在的南京市江宁区构建了多级协同推进机制，通过规划设计的整合、统筹，将环境保护、基础设施建设、文化挖掘活化、农村产业策划运营等项目集中在佘村落地，形成了"要素－资源－政策"的整体合力，有力推进了佘村特色田园乡村试点建设。

全过程陪伴设计：规划设计团队通过召开居民代表座谈会、大走访乃至夜谈夜话等方式，向佘村居民宣传特色田园乡村建设的意义，讲解特色田园乡村建设发展的构想，积极争取老百姓的理解、支持，使村民成为乡村复兴的参与者与受益者。

在设计建设过程中，还邀请权威专家学者制定历史建筑修缮方案，指导环境修复和项目实施，确保了设计成果高质量落地。

"活而新"的综合共建机制：坚持"党委牵头、政府主导、村民主体、市场参与"的原则，通过基层党组织来统筹协调各方力量，发动乡贤带领农民群众出谋划策、共同参与，把各方资源和力量凝聚起来，形成"活而新"的机制和多方共赢局面，使得特色田园乡村建设过程成为组织发动农民、强化基层党建、培育新乡贤、提高社会治理水平、重塑乡村凝聚力的有效途径。

在地性建设：采用自然、有机、生态的设计建造方法，节约乡村建设成本、塑造乡村特色和提升乡村空间品质。利用佘村山上的片石建设具有地域特色的党群服务中心、公厕、护坡；用青砖铺路，瓦片做路侧导水槽；用旧瓦片铺设游走步道；用瓜果蔬菜苗木绿化村庄和田野；用回收居民家中不用的旧石器修建隔柱等，既节约了成本，又彰显了本土特色。配套建设各类设施，为村民生活提供便利的服务。同时，对建设工程进行全程监管。通过招标，确定监理单位进行建设工程的监理，建立了适合乡村特点的、既程序规范又简洁高效的规划建设全过程监管制度，确保了建设工程的质量和工程进度。

实施成效

短短三年，佘村抓住特色田园乡村试点建设的机遇，通过最大化挖掘、梳理、串联和活化特色资源优势，实现了乡村传统文化空间的保护与当代创新利用；通过美好空间环境塑造联动产业发展和文化复兴，带动并吸引资源、人口等要素回流乡村，实现了从政府输血到自我造血的转变，走出了一条传统村落精明保护和持续发展的新路。

"山、水、林、田、村"相交织的山水田园魅力再现。通过山林风貌整体塑造、水体环境梳理串联、农田风貌整理、水源涵养等环境治理和生态保护修复，形成了独具魅力的山水环境，昔日沉睡的生态资源体现了生态价值，焕发出迷人的光彩。

田园风貌试点前后对比

沟塘疏浚前后对比

推动以维山育水为主的修复型生态恢复向功能型生态营造转化，将部分无法复绿的矿山宕口依借地貌优势打造成"佘村雅丹遗址公园"，

经改造治理的"佘村雅丹"遗址公园成为网红打卡地

使昔日消极的宕口遗址变身特色旅游的积极空间。

历史遗存重新焕发时代光彩。年久失修的潘氏民居通过保护性修缮，再现了当年"九十九间半"的风采，展现出青砖黛瓦、结构精巧、雕刻精美、"枕山、环水、面屏"的人文古韵。改造后的潘氏民居变身为村史馆，成为集中展示佘村历史记忆以及非物质文化遗产的空间载体，使乡土记忆融入了当代乡村文化生活。与此同时，佘村非物质文化遗产的"活态"传承也让消失已久的佘村锣鼓等特色文化项目又活了起来。如今，佘村锣鼓正在申报非物质文化遗产。

九龙埂改造前后对比

佘村明代建筑群（潘氏宗祠）修复前后对比

生铁塘改造前后对比

展现"此时此地"的特色田园乡村风貌。原本零乱纷杂的村庄环境，通过对村落空间的织补、串联，对村内 20 世纪八九十年代房屋的风貌修复，梳理乡村建筑"在地性"谱系，不仅保留了村庄生长的印记和历史年轮，还强化了建筑与"山、水、田、园"交融共生的形态和空间格局，营造出既承载乡愁记忆，又具现代感的田园乡村风貌。

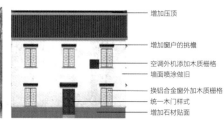

增加压顶
增加窗户的挑檐
空调外机添加木质栅格
墙面喷涂做旧
换铝合金窗外加木质栅格
统一木门样式
增加石材贴面

周边民居风貌改造方案

一批高品质的乡村环境设施、农房改善项目相继打造完成

特色资源串点成线，形成富有魅力的全景体验式乡村旅游产品。 蕴含佘村发展印记的九龙埂、生铁塘、古井、古柏、枯枝牡丹等历史遗存资源通过精心的设计塑造、组织串联和全景展示，形成了既有古村风貌、又融合现代休闲理念的佘村"十景"，呈现出地域特色鲜明、文化底蕴深厚的村落建筑特色景观。

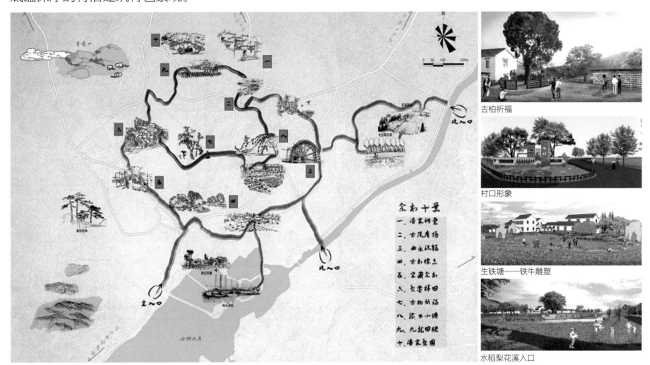

古柏祈福

村口形象

生铁塘——铁牛雕塑

水稻梨花溪入口

佘村"十景"设计图

　　美丽的佘村不仅吸引着越来越多的游客，也吸引了一批社会资本进驻，相继开发了林间漫步、溪谷漂流、水上竹筏、房车露营、精品农家乐、民宿等旅游项目，形成了一条颇具特色的体育休闲度假线路，使游人"刚从山道'探险'下来，又沉浸在诗画一般的静美乡村里"，体验式乡村旅游吸引力大幅增强。

　　乡村旅游经济发展和村民增收渠道大幅拓宽。 佘村成立了三山两湖农产品专业合作社，与省农科院合作打造"双龙湖"等特色农产品品牌和山油茶等高附加值农产品；田地里一年四季的景观，也成了村民口袋里的"银子"。结合村庄格局合理规划设计，佘村成片种植农作物、果树、花卉，既塑造出田园四季美丽画卷，也重现了传统农业种植、传统农业加工及手工业、传统乡村农闲活动。特色田园乡村建设后，村级集体收入增长到了135万元，全村旅游收入由2万元增长到120万元，典型代表农户旅游收入达到29万元。农户的增收渠道也从单一的农业收入转变为如今的租金收入、土地流转收益、企业务工收入、合作社股份分红、农产品销售收入并举的多元格局。

油茶树农业园

人口回流与活力复苏。环境的改善、经济的发展也带动了人口回流，昔日人去屋空的小山村成了村民创业的乐园。村民孙海军原来在镇上经营一家棋牌室，看到了家乡的发展机会，回乡办起了农家乐。特色田园乡村建设以来，优美的环境和丰富的旅游项目吸引着游人纷至沓来，土菜馆的生意愈来愈红火，2018 年菜馆的年收入就超过了 50 万元。看准家乡机遇的还有许多个"孙海军"，不少在外打工的村民也都陆续回乡搞起了农家乐和民宿。特色田园乡村建设短短两年，村里的就业岗位从 2 人增加到 40 人；创业人数从 3 人增加到 13 人。2019 年，佘村累计接待游客量达 12 万人次，11 家农家乐收入累计 660 万元。

乡村治理与乡风文明水平提升。佘村人气旺了，村民富了，村集体收入增加了，基层党组织的凝聚力也更强了，乡村治理和乡风文明水平都得到了提升。目前，佘村已经初步实现了党建网格和"全要素"社会治理网格有效融合，党组织成为推动乡村建设、服务群众的"主心骨"；借助"50 后"和"80 后"党员志愿者服务队带动村民投身乡村建设，并通过"党员家庭树牌""党员承包区牌"等活动，逐步形成以党员带动家庭、以家庭影响周边的良好氛围，构建形成了党建引领下的共谋共建共治共享新格局。特色田园乡村建设的过程成了强化基层党组织建设、村集体凝心聚力的过程。

佘村孝亲敬老之星、孝亲敬老模范

最美佘村人评比

敬老春宴　　　　　　　　　　　七夕活动

结语

今天的佘村，青山围合，绿水连绵与山下古老的祠堂、古树相映成趣，蕴含着浓厚的文化韵味；错落有致的农房与田园美景交相辉映；梨花节、村宴、村跑等极具地方特色的文化活动，引得城里人纷纷前来"赶场"，四乡八邻其乐融融，共享文化盛宴……佘村走出了属于自己的乡村振兴之路，这里已成为本地人自豪、城里人向往的梦里家园。

金砖故里的精彩绽放：
苏州祝家甸村

在昆山市锦溪镇祝家甸村，一度兴盛的砖瓦烧制产业带来了圩田地貌破碎、生态肌理损害、农村田园风光延续面临困境等问题。但是，通过"微整形"，锦溪镇把废弃砖瓦厂改建为"祝家甸砖窑文化馆"，发展成以砖窑文化为创意的特色产业，以有机农业为主导，以乡村旅游产业、体育休闲产业为辅助的产业体系。祝家甸自然村的发展和困境，也是苏南后工业化时代村庄发展的一个缩影。

"祝家甸砖窑文化馆"的启用进一步激发了乡村活力。由于祝家甸砖窑文化馆的带动，村里的环境越来越好，原来到城里安家落户的年轻人正在慢慢形成"回村潮"，全村120多户中有80多户人家已建或翻建新楼房，"有些人家准备做成民宿，有些人家是给在城里工作的孩子回来住"。

《光明日报》2017 年 11 月 19 日

郭海鞍　中国建筑设计研究院有限公司城镇院副院长，总建筑师
国家一级注册建筑师

2017年3月28日，三月江南，春寒料峭，苏州祝家甸村的砖窑文化馆中却暖意盎然，济济一堂。来自全国各地的数百名专家学者共同参加由江苏省住房和城乡建设厅、江苏省委农工办、中国城市规划学会、中国建筑学会、江苏省乡村规划建设研究会、《乡村规划建设》杂志编委会联合主办的"当代田园乡村规划建设实践研讨会"，共同探讨乡村振兴发展之路，联合发布"当代田园乡村建设实践·江苏倡议"，引起了社会和业界的广泛热评。

苏州祝家甸村作为特色田园乡村建设理念的策源地，伴随特色田园乡村建设被列为江苏省委、省政府的重大行动计划，于同年7月被列为江苏首批特色田园乡村建设试点，也正式开启了从田园建筑向田园乡村建设探索的序幕。村庄在"微介入"规划设计理念指引下，从砖窑的改造更新开始，同步完善基础设施和公共服务，充分利用村庄良好的自然生态和人文本底，逐步形成了以砖窑文化创意产业为特色、有机农业为主导，乡村旅游、体育休闲产业为辅助的现代产业体系。如今，祝家甸村人旺、产富，大批年轻人返乡创业，大量的电影、电视剧、广告在这里拍摄，婚庆、团建活动在这里举行，成为名副其实的旅游打卡地和远近闻名的网红村。村庄人居环境质量和品质的提升，更带动村民在尊重村庄特色的基础上自发展开改善居住环境的行动，为乡村发展注入了新的动力。

可谁曾想过，拥有"古窑环甸绕，碧水映村容"美誉的金砖故里也曾在快速城镇化进程中，一度出现过人口外流、村庄衰落的景象。2014年4月第一次调研祝家甸村的时候，设计团队住在村南五里之外

更轻的有机瓦屋面

保留原来的光线

清理后的檐下空间

加固后的窑体空间

砖厂改造前后对比

2017年3月28日，砖窑文化馆承办当代田园乡村规划建设实践研讨会

的周庄，被该村独具魅力的金砖文化所深深吸引。当时，村中仍然保存着当年《造砖图说》中关于金砖烧制的技艺，多位出自世家、技艺娴熟的烧砖师傅仍在村中从事相关工作，每年村庄都会在窑神庙舞龙自发祭祀窑神。但行走在乡间，团队也看到村里留守村民寥寥无几，大多是老人、妇女和孩童。接下来设计团队经过数次调研和全面统计，发现祝家甸村域面积 0.474km^2，总人口 786 人，其中仅有 20% 的人口在村中从事务农及烧砖等行业，房屋空置率达 42%，建筑风貌较差，翻修房屋甚微，有经济能力的村民大多选择到镇上或者昆山市里购房，加之后来烧制实心黏土砖产业被禁止，村庄日渐衰败。

特色田园，微介规划设计

针对于此，崔愷院士提出了"微介入"的规划设计理念，从村西边的一座废弃的砖厂改造开始，正如中医"针灸"一样，通过这个"点"的刺激作用，逐步带动整个村庄的复兴。

经过加固、改造和新功能植入的砖厂，原本废弃的砖窑如今成了一座金砖文化的展示馆。一楼为餐饮、文创工作室等业态，二楼多功能区域可对外出租场地，承办各种会议、论坛。

"我们设想如果将砖厂改造成一座金砖文化的展示馆，那么人们到这里看完金砖的展示，再信步到村子另一边的古窑去参观，这样在村西与村东之间就会建立起一条条的路径，在这些路径上便会出现各种契机，也许是商店，也许是咖啡店，也许是民宿，原本废弃的砖窑给村民造就了多元的创业机会。"

——中国工程院崔愷院士关于村庄规划设计的构想

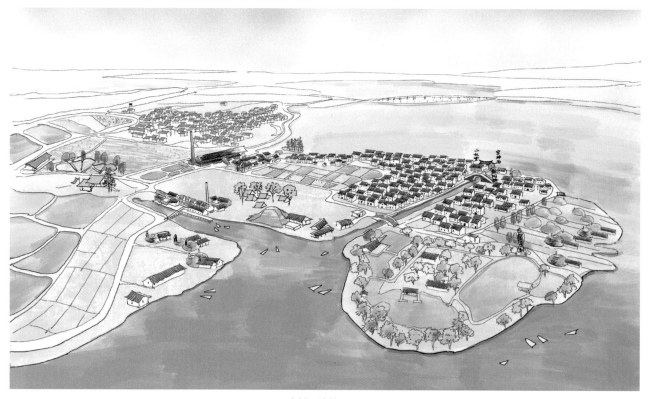

乡村设计效果图

小微更新，潜移默化

祝家甸特色田园乡村从规划到实践已经持续了超过 5 年时间，设计师前后现场服务上千次，坚持不做大而空的规划，只做基于前序工作引发的实实在在的小事儿，通过点滴的积累让村民看到希望，让乡村受到激发，从而渐进发展。在砖厂主体建筑实施改造的同时，利用砖厂原先的仓储办公用地设计建造了精品民宿，设立了民宿学校，邀请国内颇为成功的民宿经营团队到这里开班办学。民宿学校不仅教授村民如何办民

精品民宿建成效果

宿，更加重要的是激发村民自我觉醒，认识到家乡的美与价值，从而把更多的村民吸引到村里去，引发乡村的自我更新与发展。

除此之外，设计团队在深入村民家中走访调研的基础上，结合村民的需求和想法，在镇农服中心提供的农房翻建户型图基础上进行优化，设计了5种民宅户型供村民选择。农房建筑风格倡导"回归自然"，提炼出"原基址、原高度、小庭院、白粉墙、青砖瓦、坡屋顶"六项元素来控制村落的建筑风貌。三年后的祝家甸村，超过1/3的村民翻建了自己的房屋，部分村民进行了房屋改造。

持续发展，长期陪伴

培育特色产业。坚持农业为本，一三产融合。初步形成以有机农业、特色林木、小茶山、鱼塘等乡村农业为主，乡村农业体验为辅的一三产融合产业。借助农科院、苗木公司的力量，规划建设不同体验特色的农作植物和园区。同时，完善基础设施，提高乡村公共服务水平，配套实施村民食堂、农家小院等服务设施，进一步拓展与当地自然资源相结合的升级服务产业。村民礼堂、婚礼剧场、茶山小筑等建设项目陆续开展，推动乡村环境的持续更新。

促进文化传承。在利用砖窑文化馆将金砖文化传承的同时，推动村

河塘清淤前后

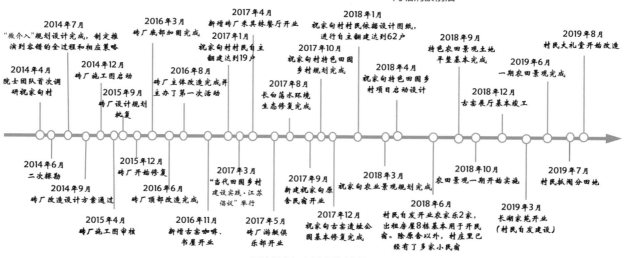

设计师参与乡村建设全过程

保护修缮与更新的村落空间

东侧古窑的保护与修缮，带动村民共同维护发展。在空间延续历史的同时，充分挖掘并丰富拜大太太庙、打连厢、舞龙等特色民俗文化内涵。

修复生态环境。对砖厂、民宿、祝家甸村周边水岸线和湖泊展开生态修复。经过持续努力，今天的祝家甸水面清可见底，田园植物、农林田地欣欣向荣。大量的白鹭、野生鸟类回归田园，长白荡中小鱼小虾等物种类型进一步丰富。

提升景观品质。结合砖文化进行农业景观、村内道路、田间步道、构筑物修建与整改；结合农业观光与种植，重新选种栽种经济作物；完善村民健身与集会广场景观。提供茶山竹亭、古窑婚礼、有机蔬菜展示等新的景观空间。

旧建筑改造利用。对乡村祠堂、小礼堂等进行乡村影院改造；与文创结合的古砖窑再利用；探讨将各个村中的废弃砖厂转变为村民生活公共空间，形成复合多元的乡村活动空间。

感悟与启示

祝家甸的微介入规划方式是针对乡村的工作方法。与城市规划不同，乡村里的人地关系、人际关系、人文关系远比城市复杂，更像是一个牵一发而动全身的生命共同体。对这样一个如同生命一样的客体进行设计，应当采取谨小慎微的态度，不断地小修小改，出手过重或者过于强势地干预乡村发展，都可以导致乡村发展的畸变，甚至导致乡村机体的破坏。

经过微介入实践5年后的祝家甸村，正悄悄发生着变化，很多村民都在积极翻新建设自己的房屋，空置房屋的出租价格也比之前翻了一倍，到2020年全村已有145户进行了农房自我翻新。村民们建设家园的热情被激发了，从各种精细的装饰构件可以看出，他们已经不是在简单地搭建房屋，或是照搬欧式西洋小楼，而是充满热情地基于本土文化进行建设，以江南风格为主，多使用竹子、瓦片、青砖等传统材料。很多人担心这样乡村的面貌会变得杂乱而失去控制。而一路推演走来的我们却并不太担心，因为一个良好起点引发的演变过程总体是好的，也不排斥中间会有一些过错，这些小的过错会在大的良好趋势下逐步调节。在设计的起点，已经确定了乡村的格调和价值观，随之而来的将是对所有既成事实的检验，人们总会在自己的磕磕绊绊之间学会走路，甚至奔跑。

江苏城市频道拍摄短片

活力乡村

特色田园乡村建设后，村集体经济收入大幅提高，据统计，2020年祝家甸村村级稳定性收入达到443.36万元，增幅达到54.34%。村民增收渠道不断拓宽，租金收入、农产品销售收入、股权分红等收入不断提升，村民年均收入达到41 888元。"砖窑文化馆"被住房和城乡建设部授予"田园建筑一等优秀实例"，是江苏省获评一等优秀案例的两个项目之一。祝家甸村也相继登上中央电视台CCTV4（中文国际）频道、江苏城市频道的舞台，成了文化振兴让乡村从"面子"到"里子"的典型案例，不仅让更多人认识了祝家甸村，更是让村民切实地感受到了特色田园乡村建设带来的环境改善、出行便利和生活改善。

　　更让人欣喜的是，通过特色田园乡村的建设，我们已经逐渐影响了村民观念，让他们慢慢认识到要尊重过去，要尊重江南的记忆，要融合建筑与环境，要进行一定的创新和改进……这一切他们或许看得明白，也或许看不明白，又或许有不同的观念，但是只要他们基于这样的思考去建设，其结果就会被社会和市场检验，然后便会自我修正，最后趋于正确……这个过程并非一蹴而就，也没有绝对的标准答案，需要一个长时间的，能够容错并自我调整的过程，从起初的轻介入与推演，到最后的发展与容错，希望这样的尝试能给各地的乡村规划建设带来新的方式与探索。

乡村振兴再出发：
无锡省庄村

　　在张渚镇省庄村，通过政府＋企业＋农户三方合作模式，整合了当地闲置农房开发具有江南民居特色的精品民宿，让曾经冷清的村庄热闹了起来。如今，一个个面貌一新、特色鲜明的最美村落正逐渐绘就乡村振兴的"宜兴图景"。

荔枝新闻 2019 年 5 月 26 日

曲秀丽　江苏省住房和城乡建设厅
村镇建设处副处长

省庄村位于宜兴市张渚镇东部，地处苏浙皖三省交界的宜南山区核心地带，东邻国家级宜兴林场，西靠龙池山省级森林自然保护区，宜兴阳羡茶产业园坐落于村内，村域总面积 17.3 平方公里。村庄依山傍水，四周有金家水库风光带、茶园风光带和田园风光带，茶果飘香，空气宜人，风景秀美。

然而在快速城镇化进程中，省庄村逐渐被边缘化。前些年村民主要收入来源为外出打工和田间生产，村庄主导产业为茶叶种植，占地面积 1200 亩，但因茶园老化、生产工艺落后、生产的茶叶品质不高、销售渠道单一等因素，导致茶园整体效益较低，村民人均收入 16000 元左右。与此同时，村庄空心化较为严重，大量农房处于闲置状态。村民外流、经济效益低下、管理缺失等因素加剧了村庄的衰败，走在村内，道路不畅、房屋老旧、杆线杂乱、环境脏乱、绿化缺失、河塘淤积、设施缺乏。

闲置破旧的房屋，杂乱的环境，衰败的村庄

实施环境整治，带来积极影响

2011 年，省委、省政府明确"十二五"期间全面实施以村庄环境整治行动为重点的"美好城乡建设行动"，普遍改善全省村庄环境面貌。省庄村抓住机遇深入推进"六整治六提升"，村庄生活环境得到有效改善，受到村民普遍欢迎。一个环境整洁、风景优美的江南山村，逐渐映入大众的眼帘……

利用自身优势，实现发展起步

伴随着环境整治给村庄带来的积极影响，以及国内生态旅游和乡村旅游的兴起，省庄村决定充分利用独特的资源优势——依山傍水、竹林茶田、巨大矿坑、在建交通隧道等，对周边的山区进行全面的生态环境保护和旅游项目开发，建立首个大型公益旅游项目——龙池山自行车公园。秉承保护原生态环境的原则，项目合理利用原有的废弃公路，进行路面修复、重塑，对公园内的废弃宕口进行全面美化，打造成四季多彩的花谷。同时充分利用现有茶园、竹海、水库等生态旅游资源，打造集自行车运动、山水风光以及阳羡茶文化等特色为一体的自行车健身运动主题公园。优美的村庄环境、完善的设施配套、游客众多的主题公园等成了省庄村对外宣传的名片，乡村旅游逐渐发展起步。

村庄周边环境

龙池山自行车公园

创建田园乡村，迎来升级机遇

2017年，省委、省政府实施特色田园乡村建设行动，尝到发展甜头的省庄村对照特色田园乡村建设的要求，在原有工作的基础上进行针对性改善、推动综合提升，进一步重塑乡村魅力和吸引力，推动振兴之路再提升、再出发。

打造一村一品，推动一二三产业融合发展

依托现状茶叶种植基础，引入企业加农户的模式，引进阳羡茶产业园，成立红岭茶业和御茶农林生态园，大力发展茶叶深加工产品，常年聘请高级园艺师和茶技师，为茶农进行培训和授课，使90%以上茶农基本掌握科学生产技术，从而实现统一生产、加工和销售，带动了125户农户从事茶叶生产，同时推动茶叶、百合、杨梅、桑果、葡萄、水李、樱桃等主要农产品种植发展，以精深加工、手工制作和生态观光采摘、电商销售为新的销售模式。

御茶农林生态园　　　　　　　　　　龙隐江南民宿

以龙池山自行车公园为载体，逐步吸引龙隐江南等高端民宿项目入驻省庄村，项目一期租用了村内14户村民的15幢闲置住宅，流转了20多亩土地，农户的资产性收入大幅度增加，每户年租金达3万～5万元，45位村民实现了再就业，年工资总额超过150万元。龙隐江南等民宿项目的建设，启发了当地村民自行建设休闲农庄、农家乐和精品民宿，带动村民就业创业，涌现出了红岭茶洲山庄、恒乐山庄、竹叶山庄等休闲农庄项目和金家农舍、一茶民宿、雨点小筑等一批农家乐民宿项目。

综合提升村庄环境，彰显自然田园风光

多措并举，加强村庄对外道路建设、完善沿线绿化并进行亮化、疏浚水系、美化沿线驳岸，结合村庄风貌和民宿特色对民居立面进行适当美化修饰；因地制宜，优化完善污水管网等市政设施，新增建设综合服务中心、村民活动休闲场地、生态停车场地和公厕等公共服务设施。

建设村庄污水处理设施

就地取材，传统技艺塑造特色风貌

在村庄建设过程中，融入乡村文化和乡村艺术，利用本地废弃建材和老物件建设村庄环境，邀请乡村工匠参与村庄建设，采用传统技艺，处理废弃黄石、陶罐、青砖等材料用于景观道路、景观墙等场地小品建设，特色村庄入口标志采用钢结构等新型环保材料，实现新旧材料的融合。

乡土材料运用

多元引导，鼓励村民积极参与村庄建设

开展"秀美庭院"创建活动，通过政策引导和资金奖励，鼓励村民对农房进行有计划的改造，对庭院进行景观化的建设提升，2019 年村内有 30 多户农户参与了评选，获评 20 多户，村庄对获得五星级秀美庭院的农户奖励 10000 元，四星级奖励 8000 元，三星级奖励 5000 元，有效带动了一大批农户参与到创建中来，实现了农村房屋和家前屋后场地风貌的整体改善。制定规章制度和村规民约，成立以党员为主、村民为辅的多个工作小组，倡导宣传好的家风家训、维护农村社会稳定、充分探讨决议村庄事务、开展各类公益活动。

秀美庭院创建　　　　　　　　　　　村民参与村庄建设管理

实施成效

环境生态、特色鲜明

山清水秀、道路蜿蜒、屋舍俨然、层次鲜明，龙池山自行车公园和阳羡茶产业园贯穿其中，被誉为"张渚镇后花园"的省庄村又恢复了与自然山水融为一体的状态，村庄环境整洁有序、设施配套齐全、风貌乡土自然。

村庄环境风貌

建设前后对比

产业蓬勃、活力显现

各类休闲农业项目

随着"企业＋基地＋农户"经营模式的有效引导和推进，村内龙头企业注册的"红岭牌"及"韵芽牌"商标获评为无锡市知名品牌，生产的红岭金螺、竹海金芽、阳羡雪芽和善卷春月等名茶多次在"中茶杯"和"陆羽杯"茶叶评比中获得特等奖和一等奖。截至目前，省庄村拥有茶田3400多亩，张渚镇拥有茶田15000多亩。以低碳、生态、文化为主题的乡村休闲旅游项目龙池山自行车公园和花陶石窟，成为人们假日乡村旅游体验的好去处，每年接待游客15万人左右。依托以上良好基础，各类休闲农业项目发展迅猛，全村现有中小型旅游项目3个，精品民宿11家，农家乐30多家，就业人数达300余人，培育了"龙隐江南"民宿——中国休闲示范企业品牌，先后荣获"全国一村一品示范村""江苏省三星级旅游区""江苏省特色景观旅游名村"等称号。

村民增收、人口回流

省庄村特色田园乡村的建设打造，累计带动了本村420名村民就业，40名村民创业，其中吸引30名外出务工人员返乡就业、12名外出务工人员返乡创业、20名各类人才下乡创业。2019年全村可分配收入达到615.4万元，同比增长63.6%，村民人均收入达到33620元，同比增长8.5%。

主动作为、区域协同

优越的区位和交通条件、生态怡人的自然景观、整洁与特色兼具的村容村貌、优质且完善的服务配套，现在的省庄村已成为宜兴市几大4A级风景区之间的重要节点，来省庄村体验乡村魅力也成为游客来张渚镇或宜兴市旅游的优先选择。正在建设并计划2021年完工的宜兴国际旅游度假区距离金家村约10分钟车程，届时省庄村必将一如既往地紧抓机遇，继续提升完善自己，以更优美、更主动的姿态融入区域旅游发展的浪潮中去。

结语

省庄村由边缘化衰败到实现综合发展，经历了村庄环境整治以及持续改善提升、旅游开发和重大项目引进、特色田园乡村建设等几个关键节点，在这个长期持续推进的过程中，省庄村实现了由起步到加速再到飞跃的发展态势。经历过这些，省庄村两委及村民们对乡村的发展建设和治理也是越来越有经验和干劲，相信未来在乡村振兴这条路上，省庄村也将越走越快、越走越远！

设计赋能·激活沉睡的乡村之美：
徐州紫山村

汉王镇紫山村紧扣村体外立面改造、道路管网、河道清淤、厕所革命、山体公园、环境绿化等六类基础设施建设，根据资源禀赋、产业形态，完整保留历史古迹、民俗文化和原生态田园风光，注重特色乡村风土人情和传统风貌的保留和塑造。同时，依托村庄环境，大力发展旅游、文化、民宿及农家乐等富民产业，实现美丽乡村建设与产业融合发展，社会治理水平也同步提升，成为远近闻名的"网红村"。

荔枝网 2020 年 8 月 2 日

何培根 江苏省城乡发展研究中心副主任
研究员级高级城乡规划师

紫山村位于徐州铜山区汉王镇，隶属于汉王行政村，地处云龙湖风景区内，距离徐州中心城区约15公里。村庄环绕紫金山而建，分为东紫山村和西紫山村，东临拔剑泉景区和汉王水库，自然环境优越。2018年，村庄面积106公顷，全村共293户，户籍人口1233人。

在快速的城镇化工业化进程中，紫山村所在地区曾因开山采石、石材加工等粗放型发展而历经水土流失、河湖堵塞以及村庄人口外流等发展困境。党的十八大以来，紫山村及其所在的汉王镇、云龙湖等区域实施了系列水体、湿地和山林生态修复和环境治理等举措，地区生态环境得到显著改善，荒山绿化率达98%，森林覆盖率达60%。随后，在"十二五"期间，紫山村持续开展了村庄环境整治行动实践，村容村貌得到了进一步改善，成为徐州人居环境示范村。

村庄环境的改善和独特的区位优势也激发了村民自主创业的热情，部分村民也开起了农家乐，但由于村庄缺乏整体的规划设计和准确的发展定位，吸引力和竞争力不强，村庄发展活力和动力不足，很多特色资源和空间没有被充分利用起来。2017年，紫山村村民就业仍以外出务工为主，人均纯收入约12000元，低于汉王镇平均水平；村集体收入167万元，收入来源主要是土地流转。如何在乡村振兴过程找寻自身特色的发展路径，是摆在紫山村面前的一个难题。

区位图

2017年村内农房建设状况

2017年村内废弃厂房　　　　　2017年村庄道路尚待修整　　　　　2017年山水资源未充分挖掘

自然山水资源优良、聚落格局极具特色

经济林果品质优良

寻找、梳理乡村"沉睡的风景"

2018年，紫山村入选江苏省第三批特色田园乡村试点。抓住成为试点的契机，紫山村的规划建设方案制订，高度重视摸清乡村资源的家底，对村庄自然禀赋、产业基础、人文传统等资源要素进行了挖掘、梳理、串联、织补，为因地制宜探寻紫山村综合振兴之路奠定基础。

自然优美的村落空间格局。紫山村位于紫金山东西山脚，村落顺应地形环山生长，果林、水域、农田环绕，自然山水和田园聚落意象优势显著。

得天独厚的经济林果资源。紫金山因其独特的气候、土壤条件，极为适合果树的生长，梨树、栗子、核桃、山楂、苹果等十余种经济林果品质优良，使紫山村素有小"花果之乡"的美誉。

源远流长的传统石刻技艺。紫山村所在汉王镇素有"民间石刻艺术之乡"之称，紫山村亦为石刻专业村，书法石刻、古砖砚雕刻、墓葬石刻等石刻技艺积淀丰厚。其中，古代砖雕刻艺术和拓片艺术更是徐州非物质文化遗产。此外，村中还拥有竹坡故里、张竹坡墓等历史遗址和民间故事。

紫山村历史人文资源

从区域环境看，紫山村距离云龙湖核心景区仅15分钟车程，距离徐州主城区仅30分钟车程。此外，汉王镇小城镇建设有长足进步，重点推动镇村基础设施完善、环境景观提升，以吸引和承接徐州城区及周边旅游人群。这为紫山村建设特色田园乡村提供了良好的外部条件和潜在发展机遇。

以设计激活乡村发展新动能

在形成对紫山村资源、价值和潜在发展机遇的深刻认知后，紧扣村庄资源特色、空间特色、区位优势和发展机遇，紫山村明确了"民俗文化风情村·现代休闲颐养村"的发展定位，明确了风貌提升、环境优化、资源活化、激发文创的发展思路和策略。

以针灸式的设计策略推动乡村农宅、公共空间风貌更新提升。 紫山村部分乡村建筑因修建年代关系，建筑风格参差不齐，整体风貌不协调。试点启动后，设计团队基于村庄特色和实际情况，对每户房屋精心设计，形成一户一方案，并运用乡村工匠、乡土建材实施"针灸式"改造。

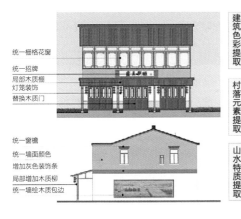

提取本土民居的建筑元素，确立黄、灰、白的三色基调和建筑改造修缮方案；从围墙、庭院、绿化、建造材料等方面引导居民微更新和微改造。

农宅改善设计策略

围绕民俗风情村的定位，对村落内部的街巷空间，灵活应用砖石雕刻、拓片等传统技艺和汉文化等元素进行精心设计和串联。同时，以民俗文创的思维重塑乡村空间，最大化保留和恢复乡土特色，并同步完善服务村民生活、生产、文创的公共设施配套。

农宅立面修缮更新

石刻、拓片文化元素在乡村建筑和空间环境的应用

以空间资源活化利用丰富、改善乡村生产生活功能。 紫山村将周边农地统一规划整理，将弃耕抛荒的田地恢复种植；整合零散闲置土地，鼓励种植大户及农民个体户耕种，由社区统一进行品牌及产品的运营，带动农户收益上涨；因地制宜开展农村空关房、废弃的集体资产收储改造，打造成为精品民宿和村民公共活动空间等。

闲置农地改造为经济林果景观

房前屋后闲置用地改造为村民活动空间

以多元主体协同发力推动美丽乡村共建共享。 特色田园乡村的建设推动了各方资金和资源的汇聚投入：徐州市和区级财政设立专项奖补资金，补齐外部道路、雨污管网、停车位、旅游 A 级厕所等基础设施和公共服务设施发展短板，推动紫山村融入周边景区联动发展格局。另一方面，紫山村借力品牌经营和社会资本，持续加大与市场主体对接合作，引入社会资本参与建设。

美丽乡村成为孕育美丽经济的沃土

通过找寻、挖掘、织补、串联和彰显乡村沉睡和潜在的资源，紫山村找到立足自身特色的发展路径，产生了有别于城市、有别于其他乡村的独特魅力和竞争力。

今日紫山村，错落有致的乡村民房、淳朴悠久的乡土民俗、郁郁葱葱的经济果林……无不彰显着紫山村独有的气质。2019 年紫山村荣获"中国美丽休闲乡村"称号，并入选了第二批全国乡村旅游重点村，CCTV7 频道还在紫山村开展《乡约·铜山》的节目录制；2020 年，紫山村被列入江苏省首批省级传统村落名录，原本沉寂的乡村正焕发出勃勃生机。

老房子焕发新风采。村里老宅子经过外立面出新、庭院设计改造，许多村民家变成年轻人的打卡地，有村民表示，"一到节假日就有游客来我家拍照，多的时候一天有一二十批，我都成宣传员了。"目前，紫山村已建成挂牌的各级各类美丽庭院、美丽家园示范户的比例达到60%以上。

农房改善前后对比

改善后的美丽庭院

风格鲜明的乡土民居不仅吸引专业民宿运营机构前来投资，也点燃了当地村民的创业热情。目前，全村共引进、开设民宿和农家乐10家（客房量达100间以上），带动50多位村民就业。其中，"陌上云居"民宿是紫山村口碑颇佳的"最美客栈"。民宿主人小邢曾在周边乡镇开办工厂，是家乡环境的变化改变了他的职业规划。"现在紫山村的房子既有颜值，也有很强的功能性，既有村子的特色，也符合现代人的生活需求。"

改造后的"最美客栈"：陌上云居和紫山小筑

改造修缮后的沿街农家乐

老故事有了新载体。 随着村里历史文化遗迹一个个被挖掘，紫山村的前尘往事打开"闸门"，重回后人眼前。如根据徐州书法家张伯英的历史传说修建的张伯英书院，把书画和文创艺术相结合，打造成集收藏、陈列、研究、教学为一体的综合性文化艺术场馆；本地小说评论家张竹坡的后人在了解乡村发展定位后，将其老宅"竹坡书院"翻新修缮，转身成为"乡村最美图书馆"。这些承载着历史人文故事的新载体、新场所，不仅吸引了众多游客，更让村民们充满认同感与自豪感。

根据历史名人张伯英故事打造的书院

改造前的竹坡书院　　　　　　　　　改造后的竹坡书院

老技艺注入新活力。 环境的改变，吸引了一批苏北非物质文化遗产传承人来此创业。苏北盘扣艺术传承人匠人张璐在紫山村开设徐州好手艺馆；乡土石砖雕刻艺术和拓片艺术经本土手艺人的巧思，和文创产业相结合，落成了礼乐斋收藏馆；致力于陶瓷器皿和醉笛乐器的研究与制作的大祥堂、笛箫艺术苑，成为培养新一代技艺匠人的场所。在弘扬传统民俗文化、传承民间技艺的同时，村民还开发了丰富多元的文创产品，使得鲜活的民俗文化在紫山流转，留住了缕缕乡愁。

返乡能人创办的文创产业

老品牌展现新形象。村景如画引客来，紫山村经济果林种植也迈开了产业经济发展的步伐。放大花果种植等特色资源魅力，紫山村按照"五花十果"农业园区规划设计，筹划花果园建设。目前，软籽石榴、板栗、山楂、李杏等十余个果品、200多家采摘园，以及玉带花海、紫藤花海等30余家花卉园区已全部建成开放。

举办国家级乡村跑活动

花果种植园区建设及瓜果采摘活动　　　　紫金山休闲步道建设

同时，紫山村定期举办国家级村跑、农民丰收节等特色民俗活动，推动农旅产业的发展。2019年，紫山村产业从原来传统农业为主转身成为徐州市全生态链新型田园产业乡村示范点，实现了"农业+""文旅+"电商模式联动发展。据统计，2019年末紫山村集体经济收入达到616万元，农民人均纯收入达到3万元。如今，返乡创业人数已达36人，越来越多的人愿意在家门口创业。许多村民对于维护自家农宅风貌和乡村新的公共空间，从一开始的心存质疑，到深度参与，再到积极施行，村民的内生动力被激发，精神面貌也有了变化。

线上线下推动特色农产品销售

结语

在乡村振兴的热潮中，紫山村抓住特色田园乡村建设的机遇，通过设计的创新力量，唤醒了乡村沉睡的资源，激发了乡村内生动力，不仅使得自身山、水、花果和乡土文化资源有了进一步变现的可能，也使村民留下来，创业者、游客和社会资本引进来，探寻出一条符合自身实际的发展新路径。

德泽渊源·耕读梦龙：

苏州冯埂上

冯梦龙村是历史名人冯梦龙的故里，是冯梦龙文化的孕育地和发祥地。2014年以来，当地抓住"冯梦龙"这一文化IP，推动农业、文化、旅游、生态等多种业态融合发展，并积极探索与廉政教育、党建教育等元素相结合，实现了社会效益、经济效益与生态效益的三赢。昔日苏州城北的偏僻村庄悄然蝶变，成为社会主义新农村建设的样板。一曲乡村振兴的华彩乐章正在这里激荡响起！

《新华日报》2019年9月20日

王　菁　江苏省住房和城乡建设厅
村镇建设处主任科员

冯梦龙，是明代杰出的文学家、思想家和戏曲家，收集创作了合称"三言"的《喻世明言》《警世通言》《醒世恒言》。苏州市相城区冯梦龙村正是冯梦龙的故里，虽然时越数百年，但涉及冯梦龙的传闻依然鲜活地留在当地村民们的口头上，村里至今流传着关于"冯梦龙读书""冯梦龙养老鹰"等故事和歌谣。

冯梦龙村位于苏州市区与无锡市区的交界处，北靠望虞河，东依西塘河，是苏州最偏僻的村庄之一。全村面积3.2平方公里，耕地3037亩，27个村民小组，710户，约2800余人。

过去的冯梦龙村是苏南一个普通的农业小村，生态环境好，水系丰富，水质优良。村庄民宅以两层为主，大多沿东西向河溪而建，主要入口和立面朝南，一般三五成排，中间用小巷分隔。村庄以水稻种植为主，局部种有猕猴桃、杨桃、杨梅等果树，80%左右的劳动力在苏州城区务工，农民人均纯收入仅2.7万元。

2017年之前村庄面貌

2017年，苏州市将冯梦龙村冯埂上纳入第一批市级特色田园乡村建设试点，2019年冯埂上又成功入选第三批省级特色田园乡村试点。如果没有特色田园乡村建设，冯梦龙村或许将日复一日延续着寻常的江南水乡生活。特色田园乡村为冯梦龙村打开了一扇通往"新天地"的大门，抓住"冯梦龙"这一文化IP，村庄积极推动农业、文化、旅游、生态等多种业态融合发展，探索产业发展与廉政教育、党建教育等元素相结合，实现了社会效益、经济效益与生态效益的多赢。昔日苏州城北的偏僻村庄悄然蝶变，成为社会主义新农村建设的样板，一曲乡村振兴的华彩乐章正在这里激荡响起！

设计下乡 "大咖"助力特色田园乡村

作为省级特色田园乡村建设试点，冯埂上邀请国务院政府特殊津贴获得者查金荣担纲特色田园乡村规划设计师。在富于时代审美和多元创意的新型规划设计中，通过保护、延续冯埂上自然村的村落空间肌理，更新、提升历史建筑，塑造文化品牌、挖掘文化价值。建设与文化相关的建筑、主题广场、服务空间和标识系统等，提高其传统文化风俗的可延续性。冯埂上以冯梦龙故里为核心，通过移植古建、场景复原、民居风貌保护等措施，控制、提升冯梦龙故里风貌和文化功能，修复年代稍久的建筑及构筑物，以保护村落的历史记忆。通过重塑传统文化与工商业场所保护村落非物质文化遗产、传承独特的手工技艺。该项目获2018年"紫金奖·建筑及环境设计"大赛银奖。其中，冯梦龙纪念馆和冯梦龙书院获评2019年苏州十大水乡特色建筑。

打造文化IP 名人文化引领乡村振兴

外在有颜值，内在炼气质，"名人故里、文化兴村"，这是冯埂上谋划的大文章。冯埂上在特色田园乡村规划设计中，优化建筑空间，在村落集中规划冯梦龙文化发展区，在河道两侧布局冯梦龙故居、冯梦龙书院、冯梦龙纪念馆、游客中心等公共建筑。重点打造冯梦龙"1+5"文化项目："1"是指冯梦龙纪念馆，是整个文化项目的精品和亮点；"5"是指"冯梦龙书院+油坊文化馆+四知堂+山歌文化馆+广笑府"。

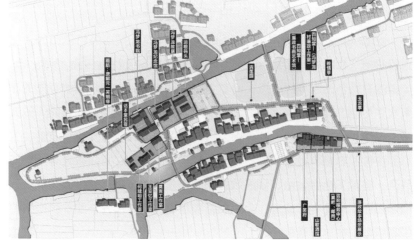

冯梦龙纪念馆。以冯梦龙著作收藏为核心，将三言书屋、墨憨轩、梦龙学宫等串联起"读书、藏书、刻书"三大主题。通过特色的建筑空间，提升文化展示功能和体验感，增强冯梦龙文化功能。

冯梦龙纪念馆

冯梦龙书院。自 2019 年开放以来，已接待"书虫"2 万多人次。

冯梦龙书院建设前　　　　　　冯梦龙书院建设中

冯梦龙书院建设后

油坊文化馆。依托冯梦龙故事"卖油郎独占花魁"，将古法榨油与千古传颂的爱情故事相结合，推动传统手工艺的传承与保护。

油坊文化馆建设前　　　　　　油坊文化馆建设中

油坊文化馆建设后

四知堂。对原有民宅进行改造，以冯梦龙拒绝贿赂的"四知"典故，为党风廉政建设和各项事业的全面发展提供精神力量，并打造成为冯梦龙村"廉政议事堂"，为村民议事、党员询事、律师评事等提供工作场所。

四知堂建设前

四知堂建设中

四知堂建设后

冯埂上空间肌理保持较好，但作为肌理细胞的民宅有待更新与控制。在特色田园乡村建设中，冯埂上鼓励村民以宅基地为单元进行有机更新，有针对性地予以空间修复，增加社会活动功能，营造村庄精神场所。制定村民建造公约，对坡屋顶风貌保护，对立面肌理，包括风格、材料、颜色、门窗细部等进行指导，对户外景观配置进行控制。

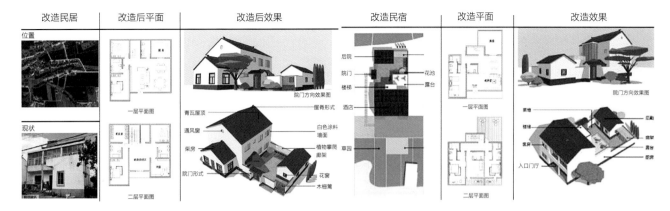

改造民居	改造后平面	改造后效果	改造民宿	改造平面	改造效果

民居改造前后

美化环境　演绎和谐共生人地关系

　　冯埂上以特色田园乡村建设为契机，系统改善提升村庄环境，增加重点区域景观节点，完成绿化种植及铺装施工 37611m^2；推进河道清淤及驳岸整治，完成 3 条生态河道修复；提升基础设施水平，更新道路 5400m，入地管线 1600m，修缮桥梁 3 座，建成生态停车场 1 个，增加路灯 600 套，修缮农房 27 幢。村庄面貌得到显著提升，受到村民们的欢迎。可是在特色田园乡村建设试点开展之初，并非所有村民都支持，甚至有不少村民对此抱有怀疑、抵触态度。但随着村庄面貌发生的巨大变化，让身处其中的农民群众切实得到实惠，村民们的幸福感、获得感得到极大的提升，质疑的声音纷纷变为投身支持特色田园乡村建设的实际行动。

环境改善前后

冯埂上对景观节点进行改善提升时，非常注重乡村风貌的协调性：原本的水泥路面被调整为具有当地特色的青砖铺装，原有的围栏也都更换为有乡土特色的竹编围栏；绿化景观方面，选用乡野植物作为绿化补充，同时起到柔化驳岸的作用；田间增加了三级步行体系和休憩节点，方便村民劳作与休闲。

景观节点提升

活化利用资源　传承冯梦龙精神内核

冯梦龙除了是大文豪之外，更是勤政爱民的一代廉吏。习近平总书记曾经在不同场合讲述冯梦龙在福建寿宁为官的故事。基于这独一无二的廉政文化基因，冯梦龙村通过冯梦龙纪念馆、四知堂、冯梦龙廉政文化培训中心等诸多载体布局，正在构筑起一个全国廉政文化教育基地。

乡村振兴，乡风文明是基础。冯埂上致力为村民营造具有认同感和归属感的精神家园。冯埂上组建了"冯梦龙山歌队"，搭建"冯梦龙村文化大舞台"，开设"梦龙书场"，不断丰富农民群众的文娱生活；定期书写家规家训，评选文明户，引领乡村文明新风尚；成立"文化惠民""先锋富民""美丽田园"行动支部，组建义工队伍、志愿者团队，通过"金婚银婚　重温新婚"公益摄影活动、爱心水果送到敬老院等活动彰显党员使命担当。

廉政文化教育基地

丰富文娱生活

可持续发展　鱼米之乡走出丰收新路

在推进相关载体建设的同时，冯埂上坚持以发展特色农业为基础，形成"一产三产主导，二产延伸"的发展模式，建成林果、水稻、养殖三个"千亩基地"。"买只牛儿学种田，结间茅屋向林泉"，冯梦龙在《警世通言》中的美好期盼穿越 400 多年，在如今的冯埂上已经实现。5 月樱桃、6 月蓝莓、7 月杨梅葡萄、8 月黄桃新巷梨、9 月猕猴桃、

11 月冬枣、12 月草莓……这里已成为一个月月结果、季季有花的"花果村"。

特色农副产品

除了不断提升农业这一根本的"硬实力"，冯埂上以特色田园乡村建设为契机，依托"冯梦龙"IP，通过举办采摘节、健步行、文化节、丰收节等活动，不断推进农文旅深度融合，促进村民多渠道增收致富，村民人均年收入从 2.7 万元增长到 3.2 万元。黄埭镇以冯梦龙村为核心区域拓展延伸，创新产业发展模式，成功入选"全国一二三产业融合发展先导区"创建名单。

冯埂上的环境好了、产业旺了，返乡创业的人也越来越多了。村

乡村风貌

民钱亚明看到村里游客越来越多、公共设施越来越完善，一点也不比城里差，关掉了在城里经营四年的饭店回乡，投入 60 余万元将自家的两层老宅翻新，开起了冯埂上第一家农家乐"六灶人家"。"最忙的一天来了 20 桌客人，平均日营业额近 6000 元。"在钱亚明看来，在风景优美的家门口挣钱，比任何地方都来得幸福、惬意。

结语

通过特色田园乡村建设试点的整体塑造提升，冯埂上从苏州城北的偏僻小村庄，一跃成为城区以农文旅融合发展助力乡村振兴的典范，它的华丽蜕变，是实施乡村振兴战略、推动农业农村高质量发展的一个生动写照，初步展现出乡村振兴的现实模样。

传统村落的活力振兴之路：

常州陆笪村

　　常州溧阳市陆笪村有 800 余年历史，曾是陆游后裔定居之地。村庄建设以禅心诗境、乡音真情为总体定位，以陆笪河为界，南片以文旅体验为载体，通过陆笪公社、怀旧供销社等设置，盘活现有存量资产；北片以传统村落为基础，植入与陆游相关的诗歌文化及背靠瓦屋山宝藏禅寺的禅修文化，通过滩簧台、古驿站等公共配套建设，打造宜居宜游的活力乡村。如今，漫步陆笪村，修缮一新的陆氏宗祠等建筑古朴静美，就地取材的片石、青砖等乡土材料让村庄古韵绵延。

新华报业网 2020 年 9 月 22 日

张　伟　江苏省规划设计集团有限公司党委副书记，副总经理
　　　　　研究员级高级工程师

陆笪村地处溧阳市瓦屋山南麓，北靠丫髻山，南望竹箦镇，是溧阳市首个省级传统村落，曾是 1960 年代公社驻地。村庄现有村民 501 户，1368 人，面积 15.18 平方公里。南宋爱国大诗人陆游的后人陆立基来此建村，至今已 800 余年，村中至今仍存有陆氏石碑、陆氏族谱、古桥、古井等遗迹。

在特色田园乡村建设之前，陆笪村是一个服务设施欠缺、环境品质一般、集体经济薄弱的普通传统村庄。村庄的地域特色日趋消失，生态环境遭到破坏，传统建筑不断减少，风貌逐渐变得驳杂。加之产业基础仍是传统的农业种植，就业岗位缺乏导致了大量的人口流失，村庄的空心化、老龄化问题突出。陆氏族群传承到现在，也已失去了原有的底蕴和风采，文化日渐式微。

特色田园乡村建设前年久失修的传统建筑

特色田园乡村建设前生态失衡的环村水系

特色田园乡村建设前遭人忘却的文化遗存（古桥古井）

景观结构分析图

陆笪特色田园乡村规划设计方案

2018年8月，陆笪入选第三批江苏省特色田园乡村建设试点村，开启了传统村落当代复兴的特色发展之路。江苏省城镇与乡村规划设计院派出规划、建筑、景观、市政等专业技术人员，与苏皖公司、村委成立联合工作团队，同时发动陆氏家族乡贤的力量共同出谋划策。

在陆笪特色田园乡村规划建设中，立足于其区位条件、环境条件、文化传承等自身禀赋，探索了一条通过设计与建设修复生态田园空间、塑造传统特色空间、激活沉睡资源、活化传统技艺、发展特色产业、提升乡风文明的乡村振兴之路，向世人展示了一个"精神焕发的农村"。

设计团队与指挥部共同出谋划策

设计修复生态田园环境

通过水系环通工程，将村内各池塘连接，并引入大山口水库的水，增加水体流动性，改善水质。陆笪河环绕整个村庄南侧，规划因地制宜对水塘清理水面，种植荷花、再力花等水生植物，岸边设置碎石小径，两侧种植波斯菊、金鸡菊等乡土花卉。对驳岸进行生态化处理，临路侧驳岸改造成景观叠水，既增加了亲水性，也增加了水系的活力。

改造后的陆笪河景观叠水

改造后的生态驳岸

同时，因地制宜采取接入城镇污水管网、建设小型污水处理设施集中处理等方式，污水收集管网覆盖所有农户，村庄生活污水得到有效治理，排放尾水达到相应标准，保障了生态田园环境的品质。

完善的雨污排放系统

将具备条件的农村公路实现路田分家、路宅分家，宅间路及人行道尽可能采用乡土生态材料铺设，主干道配备有路灯，建设三处规模适度的生态型公共停车场地。

生态乡村小路

新增三处生态停车场

设计塑造传统特色空间

通过水系疏通，恢复村庄中独有的护村河格局，保护了传统村落的自然格局。在对古桥、古井和其他历史遗迹的保护改造过程中，乡村建材多以当地石片、竹子、青砖为主，加上耙、耖、犁、推车等旧农具和老物件装点，既节省了成本，又延续了传统古村落的建筑风格和文化历史底蕴，凸显村庄特色。

修复后的古桥、古井

改造中传统材料应用

　　因地制宜、就地取材、变废为宝，创新乡愁记忆表达。在特色田园乡村建设中，村庄没有进行大拆大建，在对老建筑的改造过程中，围绕"禅心诗境，乡音真情"的主题，挖掘本地传统特色文化，运用本地传统建材，景观多利用废弃水缸、木桩、石臼、石槽作为绿化载体，尽可能选择本地适生品种的绿植，体现了乡土生态，融入了乡愁记忆。

改造后的乡土景观

设计激活村庄沉睡资源

在建设中，村庄没有进行大拆大建，而是将老建筑作为资源进行改造。在改造过程中，注重挖掘本地传统特色文化，运用本地传统建材，尽可能选择本地适生品种的绿植，融入乡愁记忆。没辰没光原是位于入村岔路口的闲置建筑，设计中在保留老旧农房原有风貌的同时对结构进行加固，打造为服务接待中心和村民活动中心。

老房屋改造利用

改造原货物堆场，还原原有的环绕水系，结合村民使用需求，将其打造为开放活动场地，配以戏台、公厕等辅助功能。

原货物堆场改造为村民文化活动广场

规划通过用地腾挪，打造滨水带状休闲空间，可供闲聊、喝茶、烧烤等，并通过乡土步道和其他文化休闲资源相串联。

改造后的滨水休闲空间

文创产品活化传统技艺

注重传统技艺和文化的保护与传承，建成黄藤酒、钗头凤、乡音庐、红酥手等功能性场馆，承载文创活动。将原村庄前废弃堆场打造为传统戏剧戏曲和文艺活动的戏台，充分利用民间习俗、名人典故、手工制作等特色资源发展乡村特色产业，向游客展示老一辈工匠技艺，老竹匠的手工篮子等。

钗头凤汉服馆室内改造情况及汉服活动

俞金跃老人编竹篮

红酥手和黄藤酒两个建筑原为古驿道沿线废弃民房，通过环境提升和建筑改造，打造为游线沿线休闲节点。红酥手主要经营国货小商品和村民手工制作的一些国潮、传统工艺产品。

废弃危房改造的咖啡茶室

特色产业提升农民收入

陆笪村引入手指小香薯和金丝皇菊的种植，手指小香薯为村集体经济增收约 40 万元，金丝皇菊为合作社增收约 5 万元。在网上平台推广特色农产品的同时将农业生产和观光、采摘等相融合，推动村民增收致富。

小香薯、金丝皇菊线上线下同时推广

随着村庄环境改善和知名度的提高，外出务工人员陆续返乡创业。2019年端午节"山阳面馆"火爆开张，激发了村民的创业热情，"馄饨店""四季团子店""转角路小店"等纷纷开张，带给村民更多的就业创业机会。

山阳面馆、四季团子店、转角路小店

特色田园乡村建设以来，陆笪村累计为村民增加提供了就业岗位近40个，参与小红薯、菊花园种植的村民年增收近3万元，创业村民每户年均增收近6万元，大大提高了农民收入。陆笪村集体2017年收入154.58万元，增幅18.1%；2018年收入191.46万元，增幅23.9%；2019年收入278.33万元，增幅45.3%；增长幅度远高于溧阳全市平均增幅9.7%。

共享设施提升乡风文明

随着村庄活力的不断提升，以村级文化广场滩簧台、村民交流室真情屋、老年活动室老来乐、户外场地丰收仓、乡村书吧、儿童乐园和音乐工作室"乡音庐"为代表的共享设施，广泛开展村民们自娱自乐的各类活动，丰富了村民的精神文化生活。

真情屋议事堂和文明家庭评选

老来乐、音乐节、篝火晚会

扎肝美食节、陆游诗词会、端午包粽子

结语

　　走进如今的陆笪村，修缮一新的陆氏宗祠等建筑古朴静美，就地取材的片石、青砖、旧瓦等乡土材料让村庄古韵悠悠，村民房前屋后的篱笆菜园里种着碧绿的时令蔬菜，村里池塘水流清澈，村民们在石阶边洗菜汰衣，一派恬静祥和的乡村田园生活。红酥手、黄藤酒、古道驿、没辰没光、滩簧台、丰收仓、转角路小店等将传统产业转变为有生趣的生活场景，村里的古道、古井、古桥、古驿站，都在讲述陆笪悠久的历史渊源和深厚的文化底蕴，在这里感受"绿树村边合，青山郭外斜"的诗意田园真实画境。

"桃花源"里的爱莲人家：

无锡前寺舍

　　阳山镇桃源村前寺舍村口小河畔的爱莲亭上，镌刻着"花品厌媚涵清雅，根质重节养虚心"的楹联，常常吸引众人驻足吟诵。村内屋舍俨然，绿树成荫，水系蜿蜒曲折、建筑布局"错落有致"，道路弯折"自由自在"，俨然一座桃花源中的悠闲村庄。近年来，村庄以挖掘弘扬祖先"莲文化"为切入点，引导村民树立崇尚高洁、清白做人的良好风尚，一场由内而外的改变次第展开。爱莲泉、《爱莲说》文化墙、周氏名贤馆、周氏家训碑刻等一个个文化小景点令人耳目一新，让这个粉墙黛瓦的小村落散发出浓郁的历史文化气息。莲文化浸润村庄的每个角落。

《新华日报》2020 年 12 月 24 日

赵　毅　江苏省规划设计集团有限公司
江苏省城市规划设计研究院院长
研究员级高级城市规划师

徐子涵　江苏省城镇与乡村规划设计院
有限公司城乡规划师

陈梦姣　东南大学建筑设计研究院
有限公司城乡规划师

前寺舍：桃园之乡的"爱莲"传说

无锡阳山，中国水蜜桃之乡。火山岩层的独特地质造就了这里优质肥沃的土壤，孕育了闻名大江南北的阳山水蜜桃。每逢阳春三月，这里便可见漫山遍野的桃花，在山水相映之下格外旖旎动人。前寺舍便是掩映在这桃花林中的村庄。**隶属桃源行政村的前寺舍，临水而坐，环拥桃园，和大阳山与长腰山相望，生态环境优越。**

前寺舍村与宋代理学大师周敦颐及其后人有着深厚的历史渊源。清雍乾年间，周敦颐第二十五世孙周子英带全家迁于此地，繁衍至今，子孙耕读传家，恪守祖宗遗训，除种植稻麦瓜果以外，兼种与莲花有相通之处的水芹为副业，以寓清白做人之志。

前寺舍因位于历史上翠微寺的僧侣居室之前，故名为前寺舍。前寺舍村76户人家，296人，均为周姓。村民大多以种植水蜜桃为生，桃园面积占本地耕作面积的98.6%，农业产业经济效益良好，村民生活富裕。然而，尽管前寺舍拥有较为明显的产业、文化特色，但在2017年以前，这里的许多故事却常年埋没在它的"平凡"之中——村庄环境对文化特征的彰显力明显不足；水蜜桃产业基础较好，但产业链单一，与周边同质化严重；公共服务设施配套存在一定短板；村民虽然同姓，但彼此各自生活，村庄凝聚力不强等。

试点建设前的前寺舍村

2017年，随着江苏省特色田园乡村工作的开展，前寺舍入选了江苏省首批特色田园乡村建设试点。设计团队经过深入的调查和讨论，确立了"桃理人家·诗酒田园"的主题定位以及"做优桃产业、传承莲文化、保护水生态、共享慢生活"四条核心发展理念，通过两年来多方的通力协作，前寺舍特色田园乡村已取得了令人称赞的成效。

"莲文化"主导空间环境提升，延续"爱莲"精神与乡土文脉

理学大师周敦颐后人建村的历史渊源以及"爱莲"的文化内核，是前寺舍最具特色的文化名片。设计团队着重关注莲文化符号在空间环境中的彰显，尤其是利用现有的空间资源来承载村庄文化内涵，进而唤醒

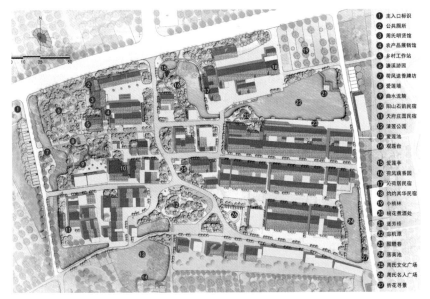

1 主入口标识
2 公共厕所
3 周氏明贤馆
4 农产品展销馆
5 乡村工作站
6 濂溪游园
7 荷风送香牌坊
8 爱莲塘
9 曲水流觞
10 阳山石鹳民宿
11 天府庄园民宿
12 清莲公园
13 爱莲池
14 观莲台
15 爱莲亭
16 荷风藕香园
17 尖荷居民宿
18 灼灼华华民宿
19 小练林
20 桃花煮酒处
21 延芳桥
22 忘机潭
23 酣醨巷
24 落英池
25 周氏文化广场
26 周氏名人广场
27 折花寻景

村庄规划总平面图

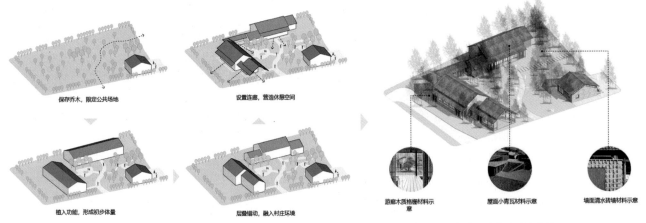

保存乔木，限定公共场地　　　　设置连廊，营造休憩空间

植入功能，形成初步体量　　　　层叠错动，融入村庄环境

游廊木质格栅材料示意　　屋面小青瓦材料示意　　墙面清水砖墙材料示意

方案设计构思——基于场地肌理植入空间功能形成围合，通过交错、灰空间的融合等手法生成建筑体量

村民的人文意识与文化认同感。在此思路下，规划设计通过增设公共建筑、优化提升滨水空间等方式，重点塑造了村庄西侧的公共界面，形成"莲文化"主题区。

周氏名贤馆——传承乡村历史

在村庄北侧入口利用闲置用地打造周氏名贤馆，提取乡村建筑空间中"归隐""层叠""游廊"等特点作为设计概念，采用传统朴素的建筑风格以与村庄环境相协调；建造上利用传统青砖灰瓦、本地石材及收集的磨盘等老物件作为主要建筑材料，并强化传统建造工艺，体现了乡土趣味；建筑功能上考虑对内与对外服务部分的转化和秩序性，各单元合理有序且可独立成区。建筑西侧的场地设计在保留原有乔木的基础上，增加了小游园、爱莲墙、曲水流觞、乡村舞台等丰富内容的搭配组合。周氏名贤馆不仅为村民提供活动、议事的公共场所，同时作为前寺舍的周氏家谱、历史文献、名人名事的珍藏展示空间，记载历代以来的文化传承，教育后人树立良好的家风。

先祖周敦颐与前寺舍周氏历史迁徙图

勤廉池、爱莲桥——延续乡土文脉

对村庄西部的水塘进行重点生态改善与清淤处理，并于此种植各类莲花。后期建设过程中又将莲花与水芹套种，命为"不忘勤廉（芹莲）池"，宣扬廉洁自好的优良传统品德。结合道路拓宽整治，在水塘上增

院落中庭曲水流觞与乡村舞台

周氏名贤馆——石板、青砖、老磨盘、阳山石、乡野植物组合成的现代田园画

村庄 logo 设计：以莲花为
主体意向，花蕊中心融入
"周"字，体现前寺舍的主
要文化特色

村口标识——阳山石、白墙、青砖的材质组合
以及墙檐、村庄 logo 等设计意向

爱莲池（勤廉池）设计方案

爱莲桥与茅草亭

茅草亭：以桃木枝搭建景
观墙，通过茅草、木材、
青砖等乡土材料，营造乡
土风味

设一座爱莲桥，对景处放置一处乡土风格的茅草亭灶台，向东连通周氏名贤馆的场地；在北部入口处，使用本地阳山石、青砖等材质，设置一处体现乡土特色与莲文化特征的村口标识。

观莲台——彰显田园风情

村庄西南侧原有一处荷塘，夏季时荷风沁人，一面朝向田园，一面朝向村庄，拥有良好的观景视野。在此处设计建造一处较高的观景平台，名为"观莲台"，作为荷塘边的标志性构筑物，于台上往北可纵览村庄全貌与眺望大阳山，往南则可俯视一池碧莲与外围田野，是欣赏村庄田园风光的绝佳观赏点。

"桃理"文化激发全产业链拓展，打响前寺舍地域品牌

立足国家地理标志产品阳山水蜜桃种植业，前寺舍针对现状每户种植空间零散、管理销售方式落后等问题，通过土地流转、规模化、精品化种植提升品质，深耕"互联网＋"。自开展特色田园乡村建设试点的三年多来，前寺舍水蜜桃亩均产值逐年增加，2020 年达 2.3 万元，比阳山镇平均水平高 21%，利用电商平台增加营销推广渠道，每户增收 1 万元，前寺舍在阳山镇水蜜桃种植村中脱颖而出。

延伸桃产业链，开发桃产品，同时结合周氏酿酒技艺、传统美食制作技艺，发展村庄二产，创建"寺舍品牌"。"寺舍牌"桃胶、桃蜜饯、桃护肤品、桃木雕刻、周氏家酒、大麦饼、青团、莲子、八宝饭等已成为这里炙手可热的伴手礼。

水蜜桃产业的蓬勃发展和乡村莲文化空间的塑造，为前寺舍乡村旅游业的发展提供了沃土，前寺舍一跃成为阳山镇乡村旅游亮点村。2018 年、2019 年前寺舍连续两年成功举办了"寻找阳山的年味"活动，吸引了 CCTV、中新网、无锡市地方电视台多家媒体前来报道。在2019 年第 23 届中国阳山桃花节期间，阳山旗袍队环村走秀，村民助力阳山半马，阳山镇《我和我的祖国》视频在村内取景，前寺舍乡村旅游业大放异彩；2020 年间《新华日报》、无锡电视台等多家新闻媒体均在专栏中对前寺舍进行了报道。村庄知名度的提升，也吸引了外出务工的前寺舍村民周远东等人返乡创业，目前前寺舍已经开办"有信阁""天府庄园"两家民宿，"老周家"一家餐饮店铺。随着前寺舍对"桃理"文化的深入挖掘，一二三产融合发展，村庄活动越来越多，2020 年接待各地参观团队近 180 批次，户均旅游收入增收 6000 元，村民对村庄发展前景信心满满。

桃胶

桃花香皂

桃木雕刻

周氏家酒

大麦饼

桃花节旗袍秀

2019 年"寻找阳山的年味"活动

乡土情怀引领乡风建设，弘扬周氏家风，增强集体凝聚力

为推进前寺舍乡村振兴工作，镇政府与村委鼓励村民以各类方式参与到村庄建设、管理、维护中来，增强村民的主人翁意识。

2017 年 9 月底，成立由党小组、村民自治理事会、监事会共同组成的"微自治"小组，为前寺舍特色田园乡村建设出谋划策，向百姓传达乡村建设工作精神并解决纠纷和矛盾。前寺舍 12 名党员充分发挥自身的模范带头作用，将党建工作与村建工作、村庄管理相结合，通过划定党员责任区等方式，扎扎实实地为村民服务。村民自治理事会，充分发挥村民自治权利，积极推动民事民治、民事民办、民事民议，开创村民自我服务、自我管理、自我决策的新局面。

在精神文明建设方面，村庄陆续开展了"诵家风""写家训""晒家谱""传家书"等系列主题实践活动，充分挖掘了周氏家族廉洁、和谐、孝道、劝学、劝善、勤俭、励志、修养等方面的家风好基因，增强了村民凝聚力。"同姓亦同心"，随着乡村活动开展与乡风建设，大家变得更加团结，为村庄发展集思广益，出谋划策。

"微自治"小组讨论村庄发展

结语

在各方齐心努力下，前寺舍发展正旺，无论村民还是村干部都能明显感受到特色田园乡村的建设给村庄带来了由内而外的质的改变，正如一位村民所说："村庄环境整治好了，到处变得更漂亮了；家乡的名气变大了，有越来越多的人来参观游玩，水蜜桃卖得更好，自家手工、农副产品有了销路，腰包鼓了；大家精神面貌越来越好，齐心协力为家乡做贡献，每个人脸上都洋溢着幸福的微笑。"

前寺舍特色田园乡村的发展根基于其扎实的水蜜桃产业、良好的经济基础，并通过优秀的家族爱莲文化内涵将自身特色进一步发扬光大。在这一过程中，产业与文化两方面相辅相成，桃产业通过莲文化有了更大更广的延展，莲文化借助桃产业获得了自我实现，其结果则是村民在物质和精神方面获得了双重收获与提升，村集体获得了更多名气、影响力以及社会资源。前寺舍"产业和文化相结合"的发展模式为苏南发达地区实施乡村振兴提供了一种典型思路，对全省乃至全国乡村发展亦有良好的借鉴意义。

当代乡土　乡村复兴：
泰州东罗村

　　金秋的东罗村，田园气息扑面而来。屋舍整齐、阡陌良田、民风淳朴。乡间小道上，熙熙攘攘的都是脸上挂满笑意的人们。游人们在村里走走逛逛，到处拍照。这里还可以闲垂野钓，体验特色湖景民宿，品当季湖鲜美味……背靠垛田水乡的独特自然禀赋，东罗村已蜕变成为旅游的好去处，成为国家乡村振兴战略的一个美丽缩影。

《新华日报》2020 年 9 月 22 日

戚　威　张雷联合建筑事务所合伙人
　　　　国家一级注册建筑师

村庄概述

东罗村地处江苏中部兴化市千垛镇（原缸顾乡），江淮之间，里下河腹地，紧邻世界四大花海之一——千垛菜花景区，河汉纵横交织，湖荡星罗棋布，地理位置优越，水陆交通便利，素有"鱼米之乡"的美称。

2017年6月，江苏省首批特色田园乡村试点方案启动，兴化市委、市政府着手组建特色田园乡村工作小组，经过精心规划和层层遴选，东罗村成功入选江苏首批45个特色田园乡村建设试点村，并与南京万科公司积极联手，共同探索促进城乡互补、城乡互融，以产业带动村民致富，致力于走出一条社会资本参与乡村振兴战略的可持续、可复制、可推广之路。

经过三年多的发展，村人均年收入从2016年的18128元增长到2020年的25580元，村民收入稳步增长，乡村项目直接带动村民就业约30人。乡村发展在模式创新、农业产业、乡村营建、乡村文化服务、乡村旅游和教育研学等方面均实现阶段成果，东罗村特色田园乡村建设已初显成效，接待各方考察调研同比增长10000人次，陆续入选"中国最美村镇""省级四星级乡村旅游景区""江苏省乡村旅游重点村""全国乡村旅游重点村"，获得广泛的社会认可和高度社会关注。

发展思路和实施模式

东罗村自然环境优雅，两湖两河环抱。但由于农业生产缺乏吸引力，农村生活缺乏活力，村庄格局缺乏协调性，成了非常典型的"空心村"。针对这种现状，规划设计团队认为，如何探索一种可复制模式，通过深度推动三产融合和城乡融合，做到可持续发展和多方共赢是面临的一个重要议题。

当下的中国乡村建设，正是面对传统聚落价值自发和自觉的探索。政府对传统农业文明现代转型的预期与制度建设；资本投入对乡村经济发展的产业推动；知识分子对乡土文化的认知与思考；最重要的是农村广大人民对乡土生活改善的内在需求。在这个逐步发酵的过程中，政府、资本、知识分子、村民达成对乡土价值的共识，乡土文脉保护是第一位的。更进一步，乡土文脉的延续基础是物质环境的更新，建筑师的工作让大家看到的是实实在在的变化，政府有了工作的起点，资金有了业态导入的方向，村民有了新的就业渠道和对未来生活的憧憬。一种并不复杂，小范围、可操作的实践模式自然会带动更加广泛的乡村建设实践。

村口、河道景观改造前后对比

东罗村特色田园乡村建设采用了"政府＋社会资本＋村集体"合作模式，共同成立合资平台公司，负责东罗村的建设和运营，探索特色田园乡村发展的实施路径。以政府为主导，万科作为社会资本参与，村集体以闲置的集体土地使用权，经专业机构评估后作价入股平台公司，村民通过村集体的持股享受经营性分红，探索出一条社会资本参与乡村振兴的可持续、可复制、可推广的新模式。在这种模式下，引进了江苏省农科院、SGS（全球领先的检测和认证机构）、万科农产品与食品检测实验室等专业资源，共同推进建立农产品的标准化运营体系，打造了农业 IP，"八十八仓"农业品牌，依托当地优质农产品开发多条产品线，兴化大闸蟹、大麦青汁、兴化大米、彩米礼盒等产品均实现线上线下同步销售。

可以看到，区别于以往的乡村更新，这次东罗村的特色田园乡村更加关注了产业的更新和进化，改进了乡村建设活动中一直被忽略的可延续性，最鲜明的佐证是随着这些产业的导入，已经在东罗村出现了很多返乡创业的青年。

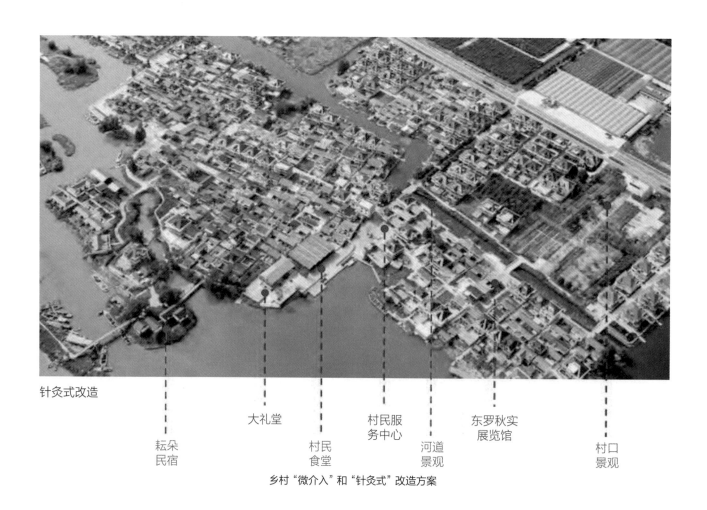

针灸式改造

耘朵
民宿

大礼堂

村民
食堂

村民服
务中心

河道
景观

东罗秋实
展览馆

村口
景观

乡村"微介入"和"针灸式"改造方案

采用"微介入""针灸式"的规划建筑设计模式

实现乡村复兴，乡村人居环境的改善是第一步。对于东罗村一系列乡村建设实践，建筑师的思考首先回到客观的立场和学习的姿态，向"没有建筑师的建筑"学习，向生活学习。在这个过程中，建筑师逐渐放弃个人化的"空间设计"，去延续地域的空间性，延续有关生活的温暖文脉场所。

在整个规划及建筑设计的过程中，建筑师希望以"微介入"和"针灸式"方式对村内的重要节点进行点状改造，希望通过这些节点带动村庄未来自发的更新和改变，从而实现整个村庄风貌的改变。

通过对村庄现状的梳理，建筑师寻找到一条未来可以作为村庄主要公共活动的路线，这条路线串联了村庄中最具特色的空间场景，首先是村口的晒场和菜地，然后是小桥流水的人家，穿过村中心的小广场就看见了位于湖边的大礼堂，最后到达湖心的小岛。在这条路线上，建筑师进行了"针灸式"的改造，依据对村庄目前的社会生活的调研，建筑师在这条路线上通过改造和新建增加了新的功能建筑和公共空间：东罗秋实展览馆、村民服务中心、村民食堂、大礼堂、新的村民广场等。这些新的功能和空间的植入，完善和丰富了村庄的公共生活，让这条新的道路成为村民甚至是游客的一条回家或者还乡的路。

在远期的建设中，这条道路还将继续延续，将更多村庄的公共生活和空间联系起来，从而完成整体村庄的改造，未来的改造将是村民的自我更新，将是村民对美好生活的自我追求，从而彻底激发东罗村的生命力和活力。

大礼堂

大礼堂是东罗村年代最悠久的建筑之一，也是村庄现存的唯一集体记忆，在类似东罗村这样在20世纪八九十年代经历过大规模更新的村庄里尤为珍贵。保存记忆、焕发活力是设计的主旨，设计中尽可能保留建筑的原始风貌，首先是清洗及加固了原有的墙面，值得一提的是在过程中建筑师和施工队伍尤其注意保留时间给红砖墙留下的印记，甚至是斑驳的水印和一些年代的符号。然后增加新的支撑结构使大礼堂从衰败恢复到健康，满足建筑的安全使用。红砖墙、老屋架这些时间和记忆的载体成为空间的主导。在大礼堂，新与旧的关系强化了时间性，连同功能再生的公共性，共同营造文脉延续的当代乡土美学。

大礼堂改造前后对比

村民食堂

村民食堂原址是一片荒废的空地，位于礼堂以北，广场以南，紧邻湖边。通过对村庄现存肌理和建筑材料的研究，村民食堂设计了绵延连

村民食堂设计方案

村民食堂

续的坡屋顶，采用了镂花的青砖表皮和温暖自然的木质材料，使村民食堂虽然体量较大，但自然和谐地融入了村庄整体的空间轮廓以及视觉肌理，成为村庄的一部分，延续了村庄的公共空间，丰富了村庄的空间环境。夕阳西下，连续绵延的坡屋顶倒映在湖中，坡屋顶下老人和小孩在休憩，美好的田园生活就展现在眼前。

"东罗秋实"村史馆、村民活动中心

"东罗秋实"村史馆以及村民活动中心的原址为旧民居，进行了适当的改造与更新，屋脊处的天窗是兴化市当地民居的典型特征，建筑师强化了这一特征，使其更加突出和明显，让这一民居要素成了设计的主题，并且将其增加了天窗的实际功能，改善了旧民居室内照明较

村史馆

村民服务中心

差的情况。这样的民居改造是一种探索，给未来的村民自发改造提供了可参考样板，培育村民对本土本地的民居有新的认识，以期村庄能够在未来的自我更新中摈弃"欧式""洋房"等，成为具有地域特色的美丽乡村。

民宿组团

民宿组团位于河边的小岛中，提供商务接待、会议、餐饮、住宿等服务，是东罗村发展旅游的补充。建筑的布局来自对当地自然村落的模拟，采用了"一宅一田"的方式，希望像自然生长的聚落。建筑的木结构屋顶、青砖与白墙都是传统的建造方式，透过精致的砖花线条构成的围墙就看到了被建筑围绕的一块块田垄，田园之旅就正式开始了。

感悟

随着东罗实践的逐步展开，建筑师愈发领悟到乡土聚落物质环境及其承载的历史和传统文脉"原生秩序"的生命力与感染力，根植于中国地域乡土现实、时间轴线的生活方式和文脉环境延续性，汇聚成为当代乡土的时代趋向。

在乡村环境下的东罗实践让建筑师对乡村复兴的探究有许多意外收获。修葺一新的大礼堂作为举办村民大讲堂、地方文化表演、村民聚会的重要场所。村民食堂入口延伸空间和大礼堂前的广场相结合，新的功能的场所重新形成了乡土聚落生活的公共中心。由于乡土聚落天然的血缘地缘关系纽带，村民食堂与全体村民在情感和社会组织上存在关联，对村民而言这不是一个消费的产品，而是一位可以天天到访的好客邻居，不经意间村中的老人和儿童已经接受去村民食堂"吃饭"的公共生

活力乡村

活方式。从设计和建造角度，地方工匠的智慧以及他们的建造习惯得到了充分尊重，建筑师向他们学习地方工匠建造技艺，而地方工匠在建筑师协助下完成一次不同道具的表演。

　　乡村营建是面向未来的，未来的技术会越来越发达。近一个世纪之前的《雅典宪章》所定义的四大城市活动，居于首位的是"居住"。而作为人类聚落更早起源的乡村，在中国当代语境下的乡村，事实上其宜居的特性被忽略、淡化，甚至娱乐化、消费化。最近的十年，从建筑师下乡的热潮，到眼下各行业加入乡村振兴的强烈意愿，至少局部的案例和实践在更广阔的时间、空间维度，重新思考城市、乡村和人居的现实命题：乡村本身即是宝贵的财富，我们需要做的只是换一种看待乡村、看待田园生活的方式。

绿野红"眸"，让红色历史照进未来：
南京西舍村

2020 年 4 月 7 日，南京高淳桠溪跃进村西舍被评为首批江苏省传统村落，这个藏在桠溪美景里的"红色堡垒"，近年来，成了南京红色文化资源点。走进村子，随处可见的红色主题绘画、正能量满满的红色宣传语……浓郁的红色文化气息扑面而来。

学习强国·江苏学习平台 2020 年 4 月 16 日

崔曙平 江苏省城乡发展研究中心主任
研究员级高级工程师

富 伟 江苏省城乡发展研究中心研究部主任
高级工程师

西舍村位于南京市高淳区桠溪街道西北部，共 385 户，1024 人，村域面积 280 公顷，是江苏首批省级传统村落。抗战时期，西舍是中共溧高县委和抗日民主政府所在地，被称为"苏南抗日根据地的红色堡垒"，留下了众多鲜活的革命事迹和优良的革命传统。但在快速城镇化进程中，因位置较为偏远、交通不便，村庄的发展相对滞后。2011 年全省实施的"村庄环境整治行动"为村庄的改善发展开创了良好的开篇，西舍村紧紧抓住改善发展机遇，持续推进村庄环境整治提升，围绕"慢城'红'眸"的发展定位，深度挖掘乡村独特的红色资源，系统修复传统建筑组群，使红色旅游与高效农业成为村民致富的两大支柱。同时，将红色文化基因融入当代乡村治理，先后获得全国文明村、江苏省卫生村、江苏省三星级康居乡村等荣誉，近年来又对标省级特色田园乡村建设要求，完善功能、推动综合发展，于 2020 年通过审核验收被命名为省级特色田园乡村。

西舍村地理区位图

昔日的西舍

西舍村是一片具有光荣革命传统的红色土地，有着深厚的革命历史和丰富的红色资源。西舍村地处苏皖之交、宁杭之间的江南低山丘陵地区，位于高淳、溧水、溧阳三县交界之处，"两山夹一坞"的独特地形，使西舍村在战时便于隐蔽和开展游击作战。1943 年，新四军 16 旅和中共苏南地委在此建立了溧高县抗日民主政府，西舍村后成为溧高县委的

1944 年，在西舍村开办的溧高县立国华中学，吸引了周边及安徽等地青少年来此求学

1944 年，在西舍村召开苏南三地委扩大会议

1944 年，溧高县警卫营领导与苏南三地委副书记在西舍合影

1945 年，北撤之前西舍掀起参军潮，在溧高县警卫营基础上，成立溧高独立团

所在地，与茅山抗日根据地遥相呼应，成为江南敌后抗战的中心。抗战时期，革命先辈在西舍村建党、建政、建军、建校、建厂，带领村民坚持斗争，发展生产，留下了不可磨灭的红色记忆。

　　随着历史的变迁，西舍村因地处偏远、交通不便，日益边缘化，虽然坐拥优美的山水环境和丰富的红色资源，却无法开发利用，村庄发展相对滞后。产业结构单一、生产效率低下，环境面貌陈旧，河塘淤塞，道路和污水处理等基础设施严重缺乏。村民大多外出务工，村庄发展活力不足。2011年全省村庄环境整治行动启动时，村集体收入仅为60万元，农民纯收入12300元，低于南京市平均水平（据《南京市统计年鉴》数据显示，2011年南京市农民人均纯收入13108元）。近十年来，西舍村抓住省、市、区对农村人居环境改善联动支持的机遇，持续推动村庄环境面貌改善，更由此推动乡村的综合发展。

村庄环境整治：蝶变的机遇

　　根据江苏省委省政府"美好城乡建设行动"的要求，2011年起，西舍村大力实施村庄环境整治行动，动员全村村民参与，深入推进"六整治六提升"，完成了村内主要道路的硬质化改造，新建了公共活动场所、医疗服务中心、污水处理设施，村庄基础设施、公共服务设施条件和环境"脏乱差"的现象得到根本改善。同时，S246省道的建成通车，使西舍到南京的时间缩短至不足1小时车程，长久以来因山地丘陵阻隔、交通阻塞制约乡村发展的难题得到了解决。

硬化的村庄主干道　　　　　　　　　　改善的水塘水体环境

　　交通的便捷、环境的改善，不仅提升了村民生活品质，更转变了村民对自己所居住村庄的情感和印象，增强了村民的自豪感。村民们对环境整治和管理的态度也从被动接受，到拥护支持、积极参与和主动要求动态提升。西舍村在村民积极参与推动乡村发展的基础上，持续推动人居环境和乡村公共服务改善工作。截至目前，全村已经实现村庄内部污水管网全覆盖。村里建成了村民活动室、农家书屋、电子阅览室、居家养老服务中心、数字电影广场等设施，建有无害化公厕4座，停车场

4 个。还建立了环境整治的长效维护机制，制定实施了"党员包户"的垃圾分类管理制度和水环境管护责任制度。环境整治后的西舍村，路通了、天蓝了、山绿了、水清了、村美了。而更为重要的是，环境的改善为西舍村绿色高效农业、水产养殖和旅游产业的发展奠定了良好基础。

今日的西舍村：重山脉脉绕田园，绿水莹莹映乡村

挖掘历史文化，用空间记忆红色峥嵘岁月

红色旅游的兴起，使西舍逐渐意识到乡村红色资源、红色传统、红色记忆的独特价值。在桠溪美丽田园乡村区域打造的带动下，2015 年西舍村在村庄环境改善的基础上，组织编制了《高淳区跃进村西舍新社区建设规划》，明确了"慢城'红'眸"的发展定位，致力打造"溧高红色旅游体验地和慢城生态农家休闲村"。

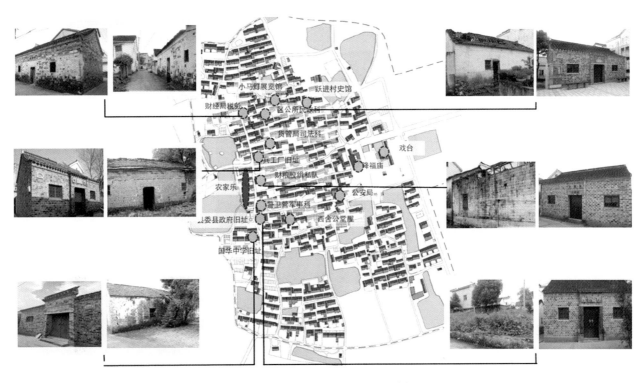

西舍村部分历史建筑及其修缮前后对比图

在规划实施过程中，西舍村按照特色田园乡村建设的目标内涵，深度挖掘乡村特色资源，引导委托专业人员开展村庄红色历史研究，发动老战士、老教师、老村长等乡贤多方搜集相关史料图片，挖掘村庄红色记忆，把沉寂的红色记忆"找出来""亮出来""串起来""活起来"。西舍村先后确定了溧高县委县政府、溧高县抗日民主政府大会堂、革命烈士纪念碑、溧高县国华初级中学、溧高县纺织厂、区公所等13处红色建筑遗址，并将这些建筑收归村集体，对建筑风貌进行系统修复，统一建筑标识系统，按照抗战时期的建筑功能，布置相应主题的展陈内容，建成占地12000多平方米、展陈面积4000多平方米的系列红色文化场馆。同时，西舍村还结合历史资料和传说，在村内建筑墙面上绘制了一幅幅生动朴实的抗战图景和传奇故事，将村庄的红色历史、峥嵘岁月娓娓道来，营造红色记忆的浸润式体验。

溧高县抗日民主政府大会堂纪念馆内部   特色墙绘

红绿映乡野，让特色产业托起村民致富梦

近年来，西舍村深入实施"红色+"乡村发展战略，将红色文化场馆"串点成线"，促进红色资源活化利用与教育互动、与旅游相融、与消费结合，重点打造"走红色路线、听红色故事、忆红色历史、传红色精神"的全域红色旅游线路。

同时，主动融入区域红色教育和旅游格局，铭记革命先烈，传承时代精神，先后被南京市委党史办命名为党史教育基地，被高淳区纳入"一馆多基地"党性教育专线，成为国际慢城红色文化线路中的重要节点。

红色旅游在村庄中逐步兴起

到 2019 年，西舍村接待学习参观的人次已高达 26 万余人。红色旅游特色资源挖掘成为促进一二三产融合、农民增收的重要载体，吸引了许多在外青年回乡开办和发展农家乐、糕点坊、农副产品销售。西舍村 90 后回乡创业的潘平夫妇感慨地说，"以前都是年轻人想往外跑，都觉得农村收入太低，现在不同了，回乡创业反而成了新选择。我们就是高淳本地人，能在家乡做一番事业，不但是证明自己的价值，也是为家乡发展出力"。

同时，西舍村抓住江苏省深入实施农业现代化的机遇，通过改造升级蔬菜、苗木、水产养殖等特色农业，推进家庭经营、集体经营、合作经营、企业经营同步发展，积极构建现代农业经营体系，推进规模化经营，先后成立苗木种植合作社 3 家、家庭农场 5 家、蔬菜种植合作社 2 家、水产养殖合作社 1 家，其中 2 家列入省级合作社名录。邀请南京市

蔬菜研究所到村点对点技术指导，普及推广新型蔬菜种植技术和营销模式，整合全村蔬菜种植资源，加强蔬菜种植基地基础设施和装备建设，进行标准化、一体化种植，建成钢架大棚 400 多亩。在此基础上，借助"互联网＋"现代农业的发展模式，建立农产品销售网站，开辟互联网销售平台，拓展销售渠道，农产品远销北京、上海。目前，村庄农业现代化发展效益初显，仅螃蟹、青虾、水草的年销售额就达 1000 多万元。

专家下乡技术指导　　　　　　　　　　　　蔬菜钢架大棚

传承红色基因，让历史点亮未来美好生活

西舍村所在的跃进村两委将红色基因传承融入新时代乡村治理的中心工作中，成立新时代文明实践站，建设党建宣传阵地，创新"理论宣讲＋旅游"志愿服务模式。根据史料组织编写《红色堡垒》情景剧，请亲历者讲述抗战故事，利用微信、微博等新媒体平台联动宣传，充分利用景观、实物、照片、绘画、塑像等，以贴近生活的方式，使得村民能够在日常生活中接受红色文化的熏陶和洗礼，激发村民的荣誉感、自豪感、幸福感、归属感，真正实现了让红色记忆融入生活、回归社会、服务人民，让红色文化成为西舍赓续光荣、创造新时代文明乡风最宝贵的精神财富。

利用墙面、空地宣传红色文化

结语

十年来，从村庄环境整治改善到特色田园乡村建设，西舍村把握住了国家和省市创造的政策发展机遇，使村庄人居环境改善和空间文化特色彰显成为发展的触媒，走出了一条符合西舍实际的特色发展道路，让曾经衰败没落、寂静萧瑟的小山村一步步呈现出乡村振兴的现实模样。

青山碧水江南村，红色记忆照前程。西舍村的复兴发展和活力重塑过程充分说明，乡村振兴需要改善环境、发展生产，更需要激活历史记忆，重塑乡村独特的文化魅力。这种共同的乡愁记忆，将作为一种文化基因传承下去，在新时代乡村发展和治理的道路上，成为乡村文化自信与文化自觉的"源头活水"。

苏北水乡的乡土精神再现：
宿迁双河村

青瓦片、白粉墙、坡屋顶，村居民宿错落有致，"乡愁小道"幽静蜿蜒……从昔日"偏僻村"到今朝"明星村"。这个小村叫双河村，位于宿豫区曹集乡，距城区仅5公里。幸福大道穿境而过，西有梨园湾，东有杉荷园。在这里，乡愁看得见，乡土闻得到，历史与现代相遇。

《新华日报》2020 年 9 月 18 日

汪晓春 江苏省城镇与乡村规划设计院有限公司技术总监
研究员级高级城市规划师、国家注册城乡规划师

葛早阳 江苏省城镇与乡村规划设计院有限公司
城乡规划师

宿迁市宿豫区曹集乡双河村地处宿迁市近郊，距离宿迁市中心区仅10km，是典型的城郊型村庄。伴随着宿迁中心城市的快速发展，城市近郊区"灯下黑"问题在双河村尤为显著，村庄产业基础薄弱，大部分青壮年都选择外出进城打工。全村共有164户，590多人，但在2017年前，村庄几乎只剩下老弱妇孺留守，是名副其实的"空心村"。田园荒废，设施配套滞后，村庄面临严峻的发展危机。

2018年，双河村入选江苏省第三批特色田园乡村试点。以此为契机，宿迁市提出以村庄人居环境提升和风貌特色塑造为抓手，打造以双河村为中心的城市近郊"五朵金花"乡村旅游示范带，探索城郊型旅游乡村振兴的模式。自此，双河村的发展轨迹发生了重要的转折。

立足城郊型乡村，双河村规划强调"特色引领、融合发展"。首先，通过挖掘自身乡土资源，打造村庄产业特色、建筑特色和空间特色，吸引城市居民"下乡"消费，发展短途休闲"微旅游"，拉动村庄经济发展。其次，将小村庄的"可供应产品"置于大城市的"新兴需求"之下，依托示范带做优特色农副产品，利用城市近郊便捷的运输网络，建成宿迁市城郊果蔬配送基地，满足宿迁市区居民对高品质、新鲜、绿色农产品的需求，建立能够良性互动的新型城乡关系，保障城郊乡村的长期可持续发展。基于这样的理解，规划设计团队深入挖掘双河村特色资源，了解村民意愿，与镇村两级协同发力，通过精细化设计，使双河村旧貌换新颜，乡村振兴的现实路径初现端倪。

改造后的双河村

溯源传统，创新发展——重塑乡土民居

根据调查，建设伊始的双河村空心化现象严重，人口结构严重失衡（90%以上的青壮年在外打工），村庄整体破败，农房因长期缺乏管护，风貌较差。双河村农房大多是2000年以前建的1～2层建筑，高墙围合院落，建筑形式缺乏特色。为了在建筑风貌中赋予双河村新的乡土精神内核，让双河村成为城市居民寻找乡愁的"记忆之乡"，设计团队为每户居民建立了农房档案，详细记录了院落空间形式、农房外立面及内部功能，并与农户进行反复沟通，确认需求后，对双河村164户进行分类改造。

为了增加双河村辨识度以及文化认同感，设计团队仔细研究宿迁传统民居特点：受两汉文化的影响，宿迁地区的民居建筑风格有其遗韵，屋脊舒展而刚劲，檐下砖构封檐结构清晰。由于既有客观条件制约，宿迁地区老百姓收入相对偏低，地表的林木也不丰富。因此，在传统的民居建筑中，结构较为简易朴实。在建立基本认知的基础上，遴选传统的屋脊、门头、砖墙作为特色要素，提炼表达，在双河村民居改造中适当运用。民居屋顶保留原有的瓦片，屋脊统一采用具有苏北特色的清水脊，增加木线脚丰富檐口细节。

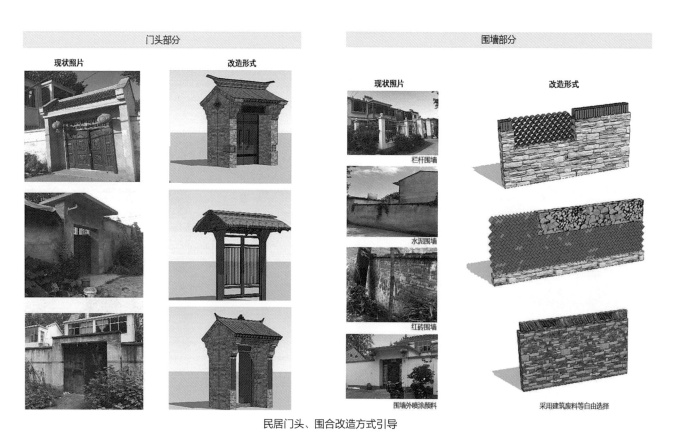

民居门头、围合改造方式引导

设计团队按照功能将双河村的院落分为提供旅游服务的经营性农户和一般居住功能的农户，针对院落空间及围合方式提出差异化和多样化的引导策略。经营性农户的院墙强调开放性，尽量做矮或者在现有封闭的院墙上做多样化的镂空以增添趣味性，院内空间形式尽量有利于组织农家乐和民宿经营，院内绿化也应适当活泼有观赏性。其他农户可以保持私密性，院内空间组织有利于生产生活，院内绿化可用作菜地。

经营性农户改造策略

设计方案在与村民沟通和实施过程汇总后，根据实际情况持续优化，原设计方案中鼓励建筑墙体尽量恢复原有材料，但是在施工中发现很多民居墙体因为厚厚的水泥和凌乱的瓷砖覆盖难以处理，经过与村民

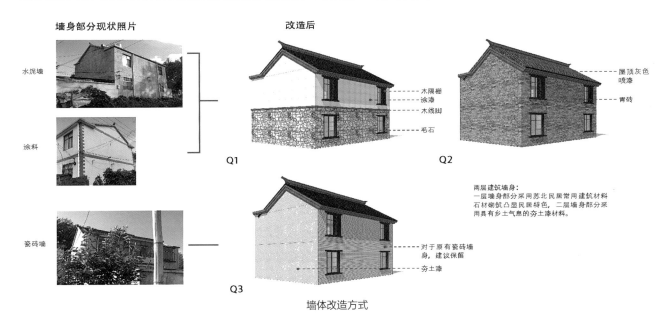

墙体改造方式

的充分沟通，提出部分采用夯土漆和白墙的解决方案，也因为这样的改变让原有统一的青灰色村庄少了一份沉重，多了一抹活泼，起到了意想不到的效果。

　　双河村是苏北著名的"砖瓦之乡"，设计团队在双河村民居改造中注重展现乡土营造技艺的魅力，通过多样的砖瓦砌筑方式创造出丰富的民居院落，再现了质朴、稳重的苏北民居乡土精神。同时，在建设推进过程中充分考虑废弃建材的再利用问题，创造出丰富多样又与村庄环境和谐统一的特色小品，起到了"点睛"的作用。

　　双河村民居改造的过程激发了村民参与的热情和集体意识，南五组村民赵书宏是双河村留守原住民中的一员，年近七十岁仍然积极参与到村庄住房改造的过程中，将剩余的建筑废料收集起来，搭建门前菜地围合以及院落内部的花坛、葡萄架，现在成为双河村的环境整治标兵户。因为这样的改变，他的子女深受感染，现在已回乡帮助父亲经营农家乐，家庭整体收入水平大幅度提升。截至 2020 年 10 月，双河村 164 户农房已全部改造完成，在此基础上还新建了游客服务中心以及村民活动中心，村庄整体风貌大幅改善，村民生活水平有效提升，这一系列村庄改造提升工作受到村民的普遍好评。他们说，相比起以前大家一窝蜂地想进城买房，现在更想住在双河村，现在的双河让他们更有归属感和自豪感。

双河村北片改造效果

双河村村民活动中心

特色回归、功能破局——重建空间体系

双河村拥有长达 1.5km 的滨水岸线，民居院落三到五户一排，以河道为轴，垂直展开，形成短"非"字形格局，整体形态具有苏北地区滨水乡村的典型特征。

改造前的双河岸线凌乱、杂草丛生，水系和建筑生硬割裂、缺乏联系，民居院落行列排布、风貌雷同，辨识度很低。规划的核心理念是通过建立"滨水廊道－巷道"有机联系的空间体系，再现传统"苏北水乡"的空间精神，同时服务于村民生产生活和旅游活动。

首先，通过对河道及周边农房的充分梳理和对村民意愿的认知考量，设计团队从双河村最重要的自然资源——滨水廊道入手，并以此为线索，找到重建双河村特色空间体系的脉络。基于双河村的产业发展需要，规划将岸线划分为生活界面和商业界面，通过制定不同的策略引导提升滨水空间的风貌和亲水程度，并在滨水岸线中梳理出重要节点，串联各类主题活动，以期凸显双河村"以水为核、沿水生长"的空间肌理特征，打造一个居游共栖的苏北旅游乡村。商业界面是双河村的"旅游功能和颜值展示担当"，这一段滨水空间的设计更突出鲜活丰富，通

商业界面断面设计

旅游服务中心广场设计图

旅游服务中心广场建成效果

旅游服务中心兼党建中心建成效果　　　　　　　　节点广场小品建成效果

过乡土多样的商业外摆形式、一系列以"石榴"为主题的特色小品以及色彩活泼明艳的乡土植物来烘托热闹的商业氛围。双河村的滨水地块都是村民的自留菜地，随着村庄环境改善，许多院落临近商业界面的村民主动让出了滨水菜地，让原本围满各种铁丝网的菜地变成了景观优美的滨水休憩场所，水边种植了亲水植物，岸边修起木栈道，让原本无人问津的地方变成了游客最爱停留和村民休闲聊天的好去处。已经投入使用的北片区旅游服务中心节点，设计方案的规模为340m^{2}左右，施工阶段被放大到450m^2，跟踪回访中，意外发现这个节点在周末的时候是游客喜欢逗留的地方，平时傍晚就成为村民最喜欢的广场舞聚集地。

生活界面是双河村"留住乡愁的本底"。这一段滨水空间的设计内

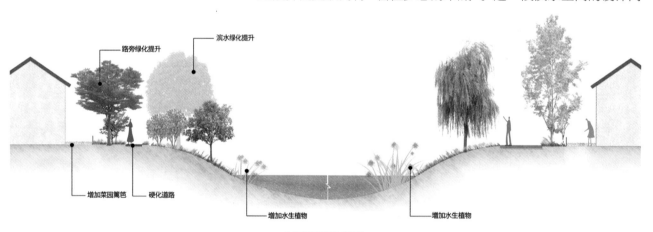

生活岸线断面设计

改造前后的双河滨水生活岸线

核是"宁静田园"，是让原住居民能有归属感的"田园之家"，城市居民能近距离感受乡愁的"诗和远方"。设计引导生活界面使用自然驳岸和菜地绿化，最大限度地保留乡村田园特质。双河村特色田园乡村建设激发了村民的公共意识，村民在管护自己菜地的同时注重维护公共空间的整洁卫生，让村庄环境卫生得到长期有效的维护。

其次，为了让村庄形成透水见绿的田园景观，设计师沿着滨水岸线将原有条状趋同的院落空间格局进行分割、重组，组合成多个不同主题的建筑组团。组团间廊道为村庄周边的水系和绿地建立了联系纽带，形成了双河村空间体系中的主要"巷道"。

巷道的形成和组团的塑造息息相关，设计师在现有建筑基底上通过差别化铺装形式和优化道路结构体系来区别"组团间"和"组团内"的场地性；通过选择不同的乡土适生植物作为双河村各组团的主题绿化来凸显各组团识别度；通过梳理组团内部形态各异的闲置空间增加特色小品打造村民交流场地来找到村民的归属感。这种设计方法从根本上打破了苏北村庄行列式布局带来的形态雷同、风貌沉闷的问题，提升了村庄活力，为双河村特色空间体系的建立提供了重要支撑。在双河村"巷道"空间建设的过程中，村民积极参与，发挥创造性，现已形成很有地域特色的"茄子街"和"豆角巷"。

植根本土、找准路径——重构发展模式

双河村作为宿迁市"五朵金花"乡村旅游示范带上的核心节点，规划从村庄土地入手，通过细致梳理村庄农业发展基础，推出特色农产品。双河村土壤透气性好，土中微生物活跃，土质疏松，靠近河道，灌溉条件很好，非常适宜种植石榴。以这个核心资源为起点，深挖石榴产业的浅层和深层内涵，通过可实施性分析，明确落地项目，构建双河石榴特色产业发展体系，讲述一个关于"石榴"的乡村发展故事，为双河村积极融入宿迁市"城乡互惠"体系提供了鲜活的切入口。

石榴产业的浅层内涵即为改良品质，扩大种植面积，走精品化发展路径，引导石榴初加工，增加现有石榴产业附加值。在规划的引领之下，2018 年，双河村集体与上海客商签订了 0.24km²（360 亩）土地承包合同，并与省农科院频繁对接，先期试种突尼斯软籽石榴，经过一年的尝试，石榴长势良好，经专业机构检测，果质优良，并申请了"双河石榴"地理标志。村庄及周边 407 户农户纷纷加入石榴种植的行列，建立了双河石榴专业合作社，实现专业化运营管理。截至目前，双河村已流转土地约 1.73km²（2600 亩）栽植突尼斯、广清软籽

石榴，沿幸福大道两侧约 0.13km²（200 亩）石榴采摘园按照规划建成落地，丰产期亩产可达 4000～5000 斤，产业规模初具成效。同时，村集体投资 800 万元，盘活村内 5500m² 闲置厂房，建设集分拣包装、冷藏仓储、产品展示、电商销售为一体的石榴产业中心，开发石榴饮料、石榴酒、石榴干等衍生产品，利用互联网及各类农副产业产销会，积极向外推广当地农产品。2020 年实现人均年增收 6000 余元，双河村村集体收入也得到大幅提升。

石榴产业的深层内涵即通过深挖石榴文化价值，延长产业链，发展双河村乡村旅游。石榴在中国传统语境中有"多子多福"的意思。通过对宿迁市近郊乡村旅游示范带沿线其他四朵金花的功能形象进行差异化分析，以及对宿迁市区居民休闲旅游的特征以及消费行为的分析，双河村的旅游项目选择适合宿迁市的年轻家庭和情侣，发展亲子旅游产业和婚俗产业，深度契合"城乡互惠"的精神，满足城市居民亲子教育、放松身心、亲近自然等方面的需求，拉动乡村旅游产业发展。

规划在村庄中置入全时段、主题化的活动，充分利用村庄特色空

双河村石榴产品及展示中心

双河村石榴采摘园

间——滨水岸线组织活动线路，通过幸福大道的天然分隔，划分南北两个主题片区。北侧依托滨水环线，置入榴园亲子民宿、榴园农家乐、滨水科普认知课堂等活动空间，打造主题为"寻找榴花园"的亲子活动片区，在南侧打造滨水商业街，增加乡愁记忆馆和特色婚俗餐厅，形成主题为"榴金时光"的传统婚俗体验片区。

随着丰富多样的主题游览路径和活动体验项目的逐步落地，双河村旅游产业发展前景整体向好。2019年国庆期间，第一届双河石榴采摘节开幕，吸引了大量游客，双河村南五组的村民周广军利用这一机会在自己经营的农家乐推出了"品味双河"系列乡土特色菜，仅"十一"期间收入3万余元。在这样良好的示范带头效应下，双河村已经有十余户村民开始自发改造院落，经营民宿或农家乐等项目。双河村集体积极开展田园招商会，吸引了各类社会资本约1860万元介入项目开发建设，为植入文化创意、婚庆、民宿旅游等新经济、新业态创造了有利条件，现在的双河村已经成为宿迁近郊名副其实的网红乡村旅游聚集地，有效扭转了城市近郊乡村破败的"灯下黑"现象，从根本上实现了人口回流，产业兴旺，乡村振兴。

双河村在特色田园乡村建设实践中，准确抓住城市居民新兴消费需求，突出自身优势资源，将问题转化成发展机遇，通过重塑乡土建筑精神以及深挖村庄整体空间特色，做深"石榴"产业来实现乡村发展。如今的双河村，村庄活力和村民收入大幅提升，找到了一条苏北城市近郊旅游型乡村的发展之路。

多元森林·匠心黄墅：
苏州黄墅村

　　灵湖黄墅西傍太湖，森林覆盖率60%，以"林深村落多依水"著称。近年来，村里将特色产业、特色生态、特色文化与美丽乡村建设融合，并建起"灵湖农业创意产业馆"，打造"水东五将"文创品牌等，让乡村更有生机。今年以来，村里创新发展夜经济，打造了森"灵"集市、星空帐篷等项目，伴着小桥流水粉墙黛瓦，将江南小乡村的夜晚装扮得别有一番风味。

《新华日报》2020 年 12 月 28 日

平家华 中衡设计集团股份有限公司设计总监
平行建筑工作室负责人，研究员级高级建筑师

黄墅综述

黄墅村，位于苏州市吴中区临湖镇西南，西邻太湖，北依第九届江苏园博园。离市区约30km，现有农户72户，村民283人。

黄墅村在试点建设前，村民以务农和外出务工为主，经济相对衰退，人口外流。建设前人均年收入32000元，2020年建成后人均年收入40000元，增长了25%。其中，建成后外出务工人员返乡就业50人，创业人数8人。就业、创业主要类型为自办民宿、农家乐、咖啡馆等。全村旅游年收入由试点建设前120万元增长到2020年的450万元，典型代表农户旅游年收入由30000元增长到62000元。

黄墅村新貌

对黄墅村的认知及规则设计

黄墅村毗邻太湖，周边森林、水域、农田环绕，生态环境优越。但是初临黄墅看到的是另一番景象，产业单一，公共服务设施缺乏：两片停车场、一个咖啡厅、一小片公共健身广场、一个公共厕所，村级配套亟待改善，村民生活不便，亟需增加服务配套，满足村民生活需求。居住环境缺乏组织：村落硬质铺地过多，公共空间乱堆乱放，本就不多的绿化空间杂草丛生，严重影响人居环境，建筑风貌也需要整治。黄墅村整体建筑风貌以苏式风格为主，保存较为良好，但也有村民新的自建房与整个村落风格相悖，格格不入，对原始的乡村风貌产生一定的破坏。黄墅村主打太湖防护林资源，同时借力园博园一定程度地发展自身的乡村旅游，但资源利用方式有待进一步规划整合。

村庄历史上多出匠人，甚至出现过建筑行业龙头企业创始人。但是目前匠人文化已经很少有展现，出现了文化断层。2017 年，设计团队把黄墅的目标定为"多元森林，匠心黄墅"，并一直沿用至今，也得到了村民的一致认可。

原房屋——破旧衰败，色彩突兀　　　　原街巷——硬质严重，几无绿化

原河道驳岸——水质较差，多处断头，驳岸　　　　原菜地——杂乱无组织
破败

黄墅村房屋依河而建，白墙黛瓦，小桥流水，村庄肌理特性显著，是典型的江南水乡。此次试点建设，在原有基础上，对村落进行整治提升，对水系进行疏浚沟通，对树林进行开放延伸，加强相关森林特色生态，对村北与村西田园进行全面梳理，使村落、水系、田园、树林四者既轮廓清晰又相互交融，进一步彰显了自然淳朴的田园风光，实现了人与自然的和谐共生。

菜园的硬质路使用装配式预制混凝土板。村北的入口与房屋立面也进行了美化，提升了对外形象。村西菜地也得到了妥善修缮，原来杂

改造后的乡村民居

乱无章的菜地被重新规整，并且增加了休憩亭、工具亭和新的取水点，村民的田园劳作休息更加方便。村西北入口及小公园也进行了修整，使得村庄的形象得到了提升，村民的体验也更好。

水系驳岸

疏浚河道水系，生态修复驳岸。村内原有河道因多年未开挖整治，河道狭窄，且几处是断头浜，水质较差。此次建设，对村内及周边水系重新规划整治，开挖环通全村水系，并与外河道沟通，彻底解决断头浜、水系不通问题，使村庄更有活力。完成原有河道清淤整治约1.5km，修复原有垒石驳岸约3km，新增河道开挖约10000m³，两侧增加植被，建设生态驳岸。

水系驳岸改造后

改造后的街巷空间

街巷及墙角绿化

村庄道路尺度适宜，铺装材质乡土生态。黄墅村内房屋规则紧凑，巷道平均宽度约 2m，本次设计充分听取村民意愿，既考虑到步行与电瓶车出行的安全平稳，又兼顾水乡风格，采用了青砖加预制水泥板铺设。

村内道路在试点建设前多为水泥路铺装，除了杂草几乎没有墙角绿化，本次街巷改造中重点增加墙角绿化，并和当地匠人合作，在展示匠人手艺的同时为乡村带来绿意与活力。

党务村务工作站

空闲旧屋改造为党务村务工作站。村北临河有一栋空闲破旧房屋，为了利用闲置房屋且满足村里需求，将其改造为党务村务工作站。

设计采用现代的手法诠释传统田园建筑，改造使用了预制装配式、太阳能板等建造技术及节能技术，试图展现现代村居的全新面貌。同时使用了大量村内拆除房屋剩下的旧砖旧瓦，并通过匠人的手艺重新留住了这些老的记忆和文化，既塑造特色建筑风貌，又节省了大量的材料及成本。

改造后的党务村务工作站

儿童之家 & 儿童活动公园

争议破败房屋改造为儿童之家。村中存在一处有历史问题的破败房屋，村民甲拥有房屋权，村民乙有地权，同时又都占了村民丙的部分土地，此问题房屋已经由于产权问题争议了许多年。

通过同居民的多次沟通，将破败房屋出租给村里，并且改造成儿童之家，供村里的儿童学习、游戏之用。改造使用原砖加固，原瓦用作村里的相关装饰，降低成本的同时把村里的肌理和历史记忆保留下来。本次改造采用装配式建造技术，节省造价，缩短工期。

荒芜公园改造为儿童活动公园。村西南角有一个荒废的公园，树木很密，常年阴冷，内部道路甚至长满青苔，走路经常滑倒，去的人也很少。本次改造将多余树木移至其他需要种植树木的位置，重整铺地设施，开敞阳光，成为村民和儿童常去活动之地，增添了村庄活力。

农房翻新

试点建设期间，因看到了村庄良好的发展前景，黄墅村 72 户村民中的 25 户申请了房屋翻建。在充分尊重农民意愿，鼓励农房建设自主多样的基础上，由驻村设计师对村庄风貌进行整体把控，对破坏风貌的民居进行改造提升，对有翻建需求的农户进行设计指导。

在黄墅村建设期间，盈心阁、"树与墅"民宿、"村边"茶餐饮、右见光荫里等民宿餐饮陆续开张，吸引约 50 位本村村民返乡创业、就业。2020 年建成后，村集体稳定性年收入 1350 万元，比 2017 年增加 480 万元，增长率 55.17%，超过全区平均水平 5.3%，村民人均年收入达到 4 万元。

"萄醉葡乡"的振兴之路：

镇江丁庄村

1989年的春天，句容市茅山镇丁庄村种下第一株巨峰树苗，三十余载匠心传承，丁庄葡萄让当地百姓蹚出了小康路，成就了致富梦。如今，幼苗早已扎根土壤、长成树王，丁庄葡萄也闻名四方、走向世界。"一粒葡萄，一个世界"，小小一粒葡萄蕴藏着偌大乾坤，饱含着深厚情怀，通透着无华的智慧。

《新华日报》2020 年 8 月 13 日

刘 涛 江苏省住房和城乡建设厅

村镇建设处副处长

丁庄村位于句容市茅山镇，地处道教名山茅山的北麓。村庄现有村民202户，690人，以葡萄种植为特色产业，是全省闻名的葡萄专业村。2013年被评为"全国一村一品"示范村，2016年被评为中国特色村，2017年"丁庄葡萄"获得了中国国家地理标志产品保护。

丁庄与葡萄的源缘由来已久，东晋年间葛洪零星种植葡萄，齐梁年间陶弘景以葡萄酿酒。1989年方继生首次种植2亩巨峰葡萄。1993年，农业专家赵亚夫邀请日本葡萄专家早川进三前来指导，引进科技含量较高的早川栽培模式。经过历代丁庄人的辛勤培育与农业生产技术的革新，目前丁庄村葡萄种植面积已达2万亩，包括巨峰、夏黑、美人指、阳光玫瑰等40多个早、中、晚熟品种，年产葡萄3万吨左右，产值约2亿元，已成为具有地域特色和竞争力的农产品品牌。

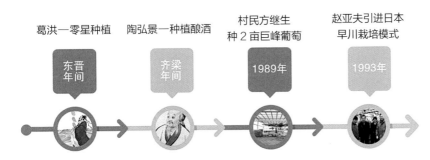

丁庄村种植葡萄的历史

丁庄村虽有好的葡萄产业发展基础，但也存在着村庄生活环境一般、公共服务不足、产业衍生不够、人口外流叠加老龄化的问题。

村庄原貌

2018年，丁庄抓住入选第三批江苏省特色田园乡村建设试点村的机遇，以发展高效农业和发扬葡萄文化为主题，秉持"望得见山、看得见水、记得住乡愁"的理念，对丁庄葡萄核心区域和村庄的生产生活环境进行全面系统的规划建设，产生了积极的成效，推动丁庄成了内外兼修的美丽宜居村庄。

丁庄特色田园乡村规划设计方案

设计修复生态本底，打造水清草碧的葡萄之乡

通过河塘清淤和本土水生植物种植，对紫樱湖进行水体生态修复。根据生态发展的原则，保护和利用周边环境，围绕葡萄核心区建设了六段总长 300 余米的葡萄长廊，改造 1500m² 的葡松林，改建 200m² 的葡萄人家广场，为游客提供休闲娱乐的休憩地；清理改造康庄大道沿路两侧的河塘，使葡萄灌溉与游览观赏相得益彰。

水系整治前后对比

生态环境综合提升

设计妆点村庄颜值，构建以"葡萄"为语汇的空间环境

以特色田园乡村建设为抓手，加强对丁庄自然村内部的建设，整体规划上着重打造"三路两巷一湖"，通过设计妆点村庄颜值。建设葡舍、葡乡记忆馆、锦鲤轩、紫樱湖亲水桥、记忆巷、百花巷等具有葡萄文化特色的村庄符号，优化了居住环境，丰富了村庄文化内涵，使村民获得更多的满足感。

老房子改造为葡舍

通过改造传统民居，打造葡乡记忆馆，传承工匠精神。重塑院落空间、增加灰空间，打开封闭空间、开放体验场所，增加景观小品、丰富场所环境等设计手法，彰显空间环境特色。

老房子改造为葡乡记忆馆

通过提取村庄文化要素，传承丁庄的变革记忆。利用葡萄藤、夯土墙、墙头、青砖、红砖等乡土材料，打造村庄的核心景观节点，既节约了成本，又彰显了本土特色，为村民生活提供了便利的服务。

景观节点亮化

　　特色田园乡村建设以来，丁庄先后完成了污水管网、杆线下地、天然气管道建设，提升了村民生活水平；结合葡萄藤、木栅栏、景观标识等元素，对村落道路进行硬化改造、织补串联，融景于路；以民居改造为重点，对村内 20 世纪八九十年代房屋的风貌修复，融景于村、融景于产。

道路改造前后

田园民居整理前后

设计带活乡村特色经济，小葡萄创出大品牌

　　特色田园乡村的建设塑造，让丁庄村容村貌发生了质的改变，丁庄的知名度进一步扩大，越来越多的游客慕名而来。丁庄村抓住机遇，在原有葡萄种植销售的基础上，进一步拓展延伸葡萄产业链。围绕老方葡

萄产业园，打造活的葡萄博物馆；改造村内建筑，开设高端度假民宿葡舍；开展农事体验活动，还计划创办耕读学院。

丁庄葡萄小镇空间改造　　　　　　　　　　丁庄产业板块策划

在此基础上，丁庄人充分挖掘农业农村的多元功能和价值，借鉴"生态+""互联网+"理念，促进一二三产业融合发展。开通了丁庄葡萄电子商务交易中心，建立农产品电子商务交易平台，还与上海Costco超市和盒马生鲜超市签订了葡萄销售协议。

随着葡萄产业品质提升和知名度的扩大，葡萄的衍生品也不断地被开发出来，与葡萄相关的第二产业也逐步兴起并做大。据介绍，除了原有的葡萄酒、葡萄籽油以外，近年来还逐步推出了葡萄萃、葡萄干、葡萄果冻、葡萄曲奇、葡萄奶昔、义利康酵素等高附加值产品。特色田园乡村建设以来，村集体经济大幅提升，2018年村集体经济收入达82万元。

葡萄系列产品研发

设计促进文旅融合，葡萄搭上网红"快车"

丁庄连续九年举办"丁庄葡萄音乐节"，每年7～10月葡萄节期间，游客达30万余人，已经成为南京都市圈游客葡萄采摘，周末休闲的首选之地。丁庄特色田园乡村的建设植入葡萄IP，在全面提升乡村风貌的同时整体塑造了葡萄小镇景观，丁庄葡萄音乐节则带来了新的引爆点。

葡萄IP的景观

葡萄 IP 的景观　　　　　　　　设计助力丁庄葡萄音乐节

通过盘活集体资产，引入工商资本，建设丁庄民宿项目，推动集体经济向纵深发展。并且不断探索葡萄产业发展新模式，充分整合人力资源、土地资源、技术资源，拓展葡萄销售渠道，使村集体经济大幅提升。

丁庄民宿项目—葡舍

新乡贤引领村民致富，人才培育机制新

20 多年前，老方葡萄创始人方继生带头种植葡萄，采取"合作社（协会）＋示范园＋农户"的运作机制，带动周边镇村共同发展，把丁庄建成为江苏省第一个万亩葡萄示范基地。当年看准家乡机遇的还有许多个"老方"，村民毕年胜协助方继生开办葡萄夜校，建设培训场地，全面提升农户生产种植水平，带动周边农户共同致富。村民方应明注重新品种引进和科技攻关，建立葡萄网上销售平台，城乡采摘直通车销售渠道。

方继生　　　　　　　毕年胜　　　　　　　方应明

近几年，随着村庄环境改善和葡萄产业的茁壮发展，吸引了大量大学生回乡创业，"葡二代"们在丁庄创业中崭露头角。工程师吕林运用互联网思维，通过网络推广，吸引游客上门采摘，并开设淘宝店和微

店，做起了电子商务。2018 年，茅山镇"葡二代"研修班赴日本研修，不断探索标准化葡萄生产种植和多渠道销售，立志带动村民种出好葡萄，卖出好价格，为家乡做出更多的贡献。

回乡创业者们不仅是葡萄种植的能手，还是网络销售的能手。通过开设丁庄葡萄淘宝店铺和微店，并邀请网红主播直播带货，采取线上销售的模式，将新鲜的葡萄传递到消费者的手中。

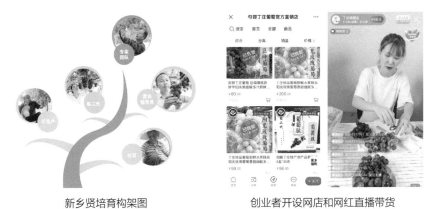

新乡贤培育构架图

创业者开设网店和网红直播带货

党建引领开展合作联社工程，提升乡风文明

创新开展了合作联社党建工程，构建了"镇党委＋合作联社＋功能党支部"的组织架构，通过基层党组织来统筹协调各方力量，推动党建与研发、生产相结合，建立管理、技术、生产、营销四个功能性党支部；特色田园乡村建设与党建相结合，使得特色田园乡村建设过程成为组织发动农民、强化基层党建、培育新乡贤、提高社会治理水平、重塑乡村凝聚力的有效途径。

丁庄村党群关系融洽

结语

丁庄村依靠特色农业不断地发展壮大，让村民们走上了致富之路。在特色田园乡村建设中，丁庄村抓住机遇，整体改善提升了生产生活环境，以葡萄文化为核心，全面提升村容村貌、优化特色产业，为综合振兴奠定了坚实的基础。夕阳的余晖下，葡松林、葡舍、葡乡记忆馆相映成趣，讲述着丁庄农业兴村的往事和锐意进取的今朝，通过乡村建设行动点亮生活，通过设计塑造扮靓风景，通过共同建设凝聚共识，"产、村、景"联动发展，探索了"萄醉葡乡"独有的乡村振兴之路。

设计推动共建共治的"睦邻家园":
常州塘马村

近年来,塘马村围绕"绿水青山就是金山银山"的理念,提出"文艺塘马,睦邻原乡"的目标,通过政府主导下的市场化模式运作,优化自然环境、唤醒沉睡资源、构建睦邻关系、引进文化元素,推动特色田园乡村的建设,让塘马焕发出生机与活力,不仅摘掉了贫困帽,还成为远近有名的网红村。村内阡陌纵横、稻田肥沃、风景秀丽、风貌原始,吸引众多游客前来打卡,流连田园风光、体验原乡风情、感受红色文化。

人民网 2020 年 9 月 27 日

徐 宁　江苏省城镇与乡村规划设计院有限公司主任工程师
高级城乡规划师

塘马村位于溧阳市别桥镇西北，毗邻风景秀丽、水质清澈的塘马水库，生态环境良好，可谓"缥缈瀛渚，在水一方"。塘马是刘氏家族移居的村庄，具有深厚的"耕读传家"传统。

2017年以前，100多户人家的塘马只是一个普通的苏南乡村。村庄建设密度高，田园风光景观单调，人居环境一般，基础设施配套缺乏，面临人口流失和老龄化的困扰，邻里关系日渐疏远。

特色田园乡村建设试点实施后，塘马成为江苏的"网红村庄"。2018年，全国休闲农业和乡村旅游大会在江苏溧阳召开，塘马村成为大会现场参观的第一站；2018年12月《新华日报》刊登塘马建设情况，此时的塘马已展现出精神焕发的农村、活力四射的农民、生机勃勃的农业、生态优良的环境、配套齐全的设施、淳朴自然的味道、文艺传承的乡风、多元的群众参与的美好人居现实模样，呈现出"干部能带头，群众有劲头，村庄有看头，种田有奔头"的局面。从2017年到2020年，塘马村民人均年收入从1.5万元增长到3万元，乡村旅游年收入从0增加到150万元，农业规模化经营比重达90%，村集体经济收入增长41.8%（相比2016年），吸引村民返乡创业就业52人，承接乡村建设培训404批次、12845人次。

试点建设前的塘马村

塘马"蝶变"的缘由在哪里？自2017年入选江苏省首批特色田园乡村试点以来，塘马联合设计师、村民、新乡贤和国企公司共同推动村庄规划、建设、运营与治理，借助别桥镇全域生态休闲系统建设契机，注重村庄环境、文化设施建设，打造田园文化、田园生产、田园居所于一体的农耕乡村聚落，初步形成了乡村良性发展新特色，展现出了"睦邻原乡、文艺塘马"的农村新风貌。

留存集体记忆，设计"形塑乡村"

新村民中心：院落化设计

对老村委进行改造，依托原有建筑，新增钢结构桁架体系，拓展建筑空间，并形成连廊系统，同时将"院落"作为主导建筑空间的组合形式，新老建筑围合成不同的院落空间，承载多元的功能，满足村民的多样化需求。村民中心采用黑白灰的色调，保留建筑与加建建筑形成有机的建筑组群，保持一种和而不同的当代性。设置乡村振兴学堂、如意小食堂等，构建"睦邻"空间的载体，为老百姓营造一个交流、交心、交往的空间，进而重塑人情社会。设计植入一个恰当的连廊系统，呼唤记忆中的乡村生活，等待茶余饭后的邂逅和乡村故事的发生。

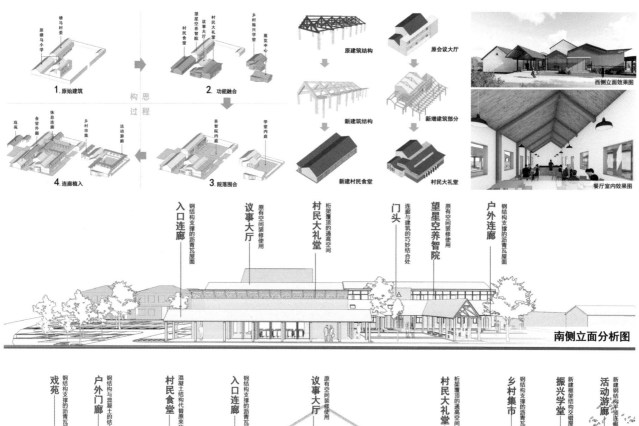

构思过程

原雄马小学　雄马村委

1. 原始建筑

村民食堂　议事大厅　村民大礼堂　望星空养智院　乡村振兴学堂　展览中心

2. 功能融合

学堂内廊　养智院内廊

3. 院落围合

戏苑　食堂连廊　休息连廊　乡村市集　活动游廊

4. 连廊植入

原建筑结构　原会议大厅

新建筑结构　新增建筑部分

新建村民食堂　村民大礼堂

西侧立面效果图

餐厅室内效果图

入口连廊　议事大厅　原有空间装修使用　村民大礼堂　桁架覆顶的通高空间　门头　连廊与建筑的巧妙结合处　望星空养智院　原有空间装修使用　户外连廊　钢结构支撑的沥青瓦屋面

南侧立面分析图

戏苑　户外门廊　钢结构支撑的沥青瓦屋面　混凝土结构与混凝土的结合　村民食堂　钢结构代替原来的木结构　入口连廊　钢结构支撑的沥青瓦屋面　议事大厅　原有空间装修使用　村民大礼堂　桁架覆顶的通高空间　乡村集市　钢结构支撑的沥青瓦屋面　振兴学堂　新建框架结构交错屋顶　活动游廊　新建钢结构平顶连廊

西侧立面分析图

新村民中心设计方案

建成后的新村民中心

2019 年 5 月 22 日在新村民中心举办"农房建设服务网"上线仪式

114

乡土材料的运用

就地取材

乡村景观建材多以青砖、废瓦、石片、竹子等地材为主，加上耙、耖、犁、推车等旧农具和老物件点缀，既节省了成本，又延续了集体记忆，凸显村庄特色。村庄河道保留滚水坝，采用废弃磨盘作为改造材料，既保留乡愁记忆又兼具实用性。活动场地的景墙采用溧阳当地乡村常见木堆形式垒造。村内多利用废弃水缸、木桩、石臼、石槽作为绿化载体，尽可能选择本地适生品种的绿植，小的节点、农户院落、滨水步道多栽种瓜果蔬菜、自繁衍花卉等，保留乡村生活气息。

趣味化手法

设计中注意保护 200 年树龄的椰榆，周边场地"做减法"，减少铺地对树木的影响。在塘马桥的改造中，为保护老树枝干，用废旧轮胎包裹形成"保护圈"，形成了堤坝和树木保护的双重效果。

古树椰榆场地改造与堤坝用轮胎作为树木的"保护圈"

设计方案　　　　　　施工过程　　　　　　竣工完成

活动场地景墙采用木材进行设计

引导村民打理自家房前屋后

乡村景观来源于生活。调动村民参与村庄建设的主动性，乡村工匠和村民协作联动，一起挑选废砖废瓦，打理建设自家院落，承担房前屋后的环境建设。

植入"文化工坊"提升活力

由旧民房改造而成的"美音梨园"是华东三大剧之一的锡剧名家的创作基地，也是溧阳的戏曲学校。建成的"百合文苑"已是溧阳作家及文学爱好者们的精神家园，是孩子们阅读的宁静空间，也是江苏省作家协会的写作学校和作家工作室。本乡本土屋则是展示工匠技艺和传承文化的地方，有 92 岁程保珍老奶奶缝制的虎头鞋，有 87 岁老爷爷刘慈

美音梨园

汉自学的书法、绘画，也有老木匠程建生的木制品……

推动资源活化，设计"提振乡村"

打造"我家自留地"

对村庄南部闲置低效的 0.026km^2（40 亩）自留地进行重新设计，作为蔬菜种植田——"我家自留地"，由村委联合专业企业共同经营。每块地约 30m^2，每年租金 3000 元，每亩可划分 20 块左右。"我家自留地"聘请当地菜农为田园管家，公司与其签订聘用协议，建立紧密、稳定的利益联结机制，不但解决了村内 20 余人的就业，还增强了村集体收入。村民刘锁方、朱小妹、钱芬娣等作为田园管家，每人每年可得到近 2 万元的劳务收入。同时流转了 0.033km^2（50 亩）地建设"我家菜园子"，聘请村民当"种菜能手"，通过物流为城市家庭"直供"新鲜优质的"放心菜"。

我家自留地

村民参与业态经营

租用村民闲置房屋进行改造设计，植入特色业态，设置"一茶一饭一宿一厅一坊"（茶馆、饭店、民宿、土特产展示销售厅、油坊），如村民毛金凤开的"原乡面馆"是塘马的"网红面馆"，回乡创业的村民徐惠英经营的"看菜吃饭馆"，以及用改造的旧屋建成的"走过咖啡屋"等都有着较高"人气"。

村民自主经营的"看菜吃饭馆"和"原乡面馆"

提升特色软米品牌

塘马完成了 0.38km^2（563 亩）农田流转，发包给种植大户进行规模化种植。依托软米品牌作用，着力形成具有地域特色和品牌竞争力的农业地理标志品牌。2018 年 1 月，溧湖有机软米入选"江苏好大米"十大品牌。

特色品牌产品

发展特色百合种植

塘马采用土地入股，即"农户＋村集体＋合作社"的模式，鼓励村民入股，参与管理百合基地。同时引进互联网营销模式，在"吃在常州"网上平台申请注册了"原乡美田"的商铺，用于推广销售塘马百合，着力把品牌做出市场知名度。

搭建合作平台，陪伴"缔造乡村"

国企牵头的"实体化"运营平台

溧阳市成立了由市级国企与别桥镇人民政府、塘马村集体、村民合作组织、民营企业以及社会团体共同参与的平台公司。塘马村与江苏省城镇与乡村规划设计院进行合作，乡村规划建设研究基地、乡村振兴学堂、望星空养智院等项目已落户。

多主体搭建的"基地化"设计平台

规划、建筑、景观、市政等专业技术人员和设计机构，与村委会、平台公司等组成设计平台，实现设计过程"方案在地、全时在线、沟通在场"的保障模式。

"乡村工匠＋专业施工队伍"的联合建设平台

平台公司与设计团队聘请本地乡村工匠队伍和专业施工队伍组成施工方，同时确保乡村工匠队伍的工程量超过一半，让他们发挥所长，集中在乡村建设的细节处多出亮点。

建立"睦邻社"乡村共治机制

塘马村村民为九个区块，用家族关系、邻里关系等串联起九个"睦

塘马联合建设平台与工作模式

邻社"，由村民推选出李庆保、谭小平、刘中华等九位"睦邻管家"，"把村民的呼声带上来，把要做的事干下去"。推行"百姓议事堂"协商机制，做到"大事一起干、好坏一起评、事事有人管"，让村庄充满着向上、和睦的氛围。

结语

塘马村自特色田园乡村建设以来发生了翻天覆地的变化，越来越多的人走进塘马、感受塘马、体味塘马，基于村庄环境、公共服务设施、文化建设，进而推动乡村产业发展，增强共建治理能力，为乡村振兴和特色田园乡村建设呈现了"精神焕发的农村"的现实模样。

"小渔村"的新生活：
扬州沿湖村

依托渔村独特的生态、文化资源，扬州市邗江区方巷镇沿湖村的村民走出了一条渔旅并举的乡村发展之路。通过打造渔业文旅品牌、创建国家地理标志产品、建设美丽渔村等，来传承和弘扬渔文化。发挥"互联网＋渔业"、体验式渔业、休闲渔业等新兴业态对渔业产业结构的优化调整作用，不断促进渔业经济实现良性增长。

《新华日报》2020 年 11 月 24 日

汪晓春　江苏省城镇与乡村规划设计院有限公司技术总监
研究员级高级城市规划师，国家注册城乡规划师说起渔村，大家脑海中多多少少会浮现一些画面——浓郁的鱼腥味、随处晾晒的渔网、杂乱的船屋、黝黑的脸庞……这些画面共同组成了传统的渔村形象。然而位于扬州市邗江区方巷镇的小渔村——沿湖村，却处处荷叶轻摇、柳条飘飘。村中游客三五成群，或在泛舟采荷，或在品茗听曲，或在观湖垂钓，或在朵颐畅谈，尽情享受着乡村的休闲时光。而村里的年轻人在紧张地忙碌着，为远道而来的客人提供优质的服务。近年来，沿湖村还获得"国家级最美渔村""中国特色村""江苏省最美渔村""江苏省生态村"等荣誉称号。是什么让这个普通小渔村实现了从"以渔为生"到"以游为业"的华丽蝶变呢？

　　沿湖村为典型的渔村，村域面积4760亩，其中水域达1820亩，耕地364.5亩，村庄常住人口1588人，人均耕地仅为0.22亩。数百年前，因战乱、饥荒等各种原因，山西、山东、湖北等地的难民汇聚于邵伯湖，逐步聚居形成沿湖村。大部分渔民都居住在漂泊的渔船上，依靠捕捞和养殖为生，交通出行不便，设施配套严重短缺，居住条件非常艰苦。

常年与水相伴的渔民，条件简陋的住家船

以水而生，依水而产

风貌凌乱，村庄环境品质不高

　　2007年开始，政府实施渔民上岸工程，先后利用整理出的160亩土地，成功实现以船为家的渔民上岸安居。部分渔民在传统捕鱼养殖的基础上试水乡村旅游，发展农家乐。但是，村庄环境不佳、设施配套短缺、特色彰显不足、产业发展乏力等一系列问题始终困扰着不甘人后的沿湖村人。这样一个平淡无奇的小渔村如何才能突围而出，找到自己的发展之路呢？

2017 年，江苏启动特色田园乡村试点建设工作，这让沿湖村人看到了改善的希望。然而，如何才能挖掘、彰显特色，改善村庄人居环境，推动进一步发展呢？沿湖村人深知引入"外脑"的重要性。为此，邀请了江苏省城镇与乡村规划设计院的专业团队进行特色田园乡村规划设计，由此拉开了蝶变帷幕。

匠人慧眼，用身份转变挖掘特色

文化特色是村庄建设发展的根和魂。设计团队深知特色挖掘绝不能浅尝辄止，而是要把自己变成沿湖村人，用身和心去深入沿湖，体验沿湖，发现沿湖，这样才能准确把握、深入挖掘沿湖村的特色。

项目伊始，设计团队就走遍了村庄的每一寸土地，与沿湖村民进行了深入的交流，惊喜地发现平淡的小渔村竟然蕴藏了丰富的宝藏。

得天独厚的湖荡特色

沿湖村湖荡池塘密布，水体面积占村庄总面积的 38%，而且兼具广

广阔湖泊

斑块水塘

带状河道

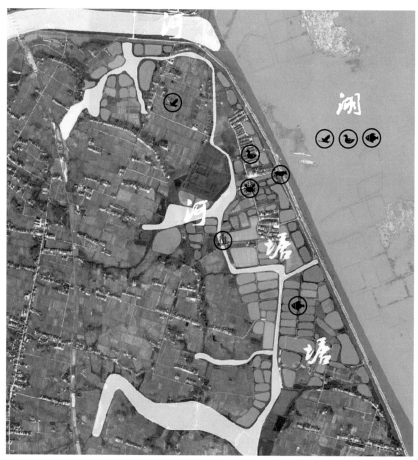

现状水环境分析图

阔湖泊、带状河道和斑块水塘等多种形式特点。邵伯湖水面广阔，是国家水产种质资源保护区的主体区和江苏省江淮生态大走廊的重要节点，拥有丰富的湿地滩涂及水产类、鸟类资源。而南北贯穿村庄的龙湾河，将村庄各片区紧密联系在一起。在湖泊和河流之间，分布着大大小小上百个水塘。形式多样的水环境不仅形成了美妙的自然景观，更形成了多样化的人居空间。

以水为生的产业特色

数百年来，沿湖村靠水吃水，以水为生，形成了捕捞、养殖水产等特色主导产业，包括鱼、虾、蟹等。随着"渔民上岸"工程的推进，上岸后的居民拥有了自己的稻田和承包水塘，水稻、荷藕、菱角等特色农产品的种植也成为村民收入的主要来源。

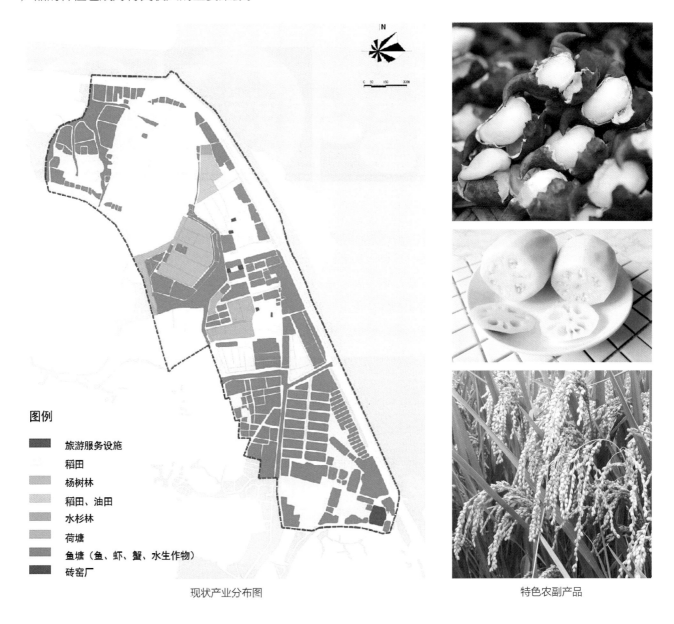

图例

■ 旅游服务设施
□ 稻田
▨ 杨树林
▨ 稻田、油田
▨ 水杉林
▨ 荷塘
▨ 鱼塘（鱼、虾、蟹、水生作物）
■ 砖窑厂

现状产业分布图

特色农副产品

独特的渔家文化特色

　　以渔为生的沿湖村催生了丰富的渔家文化，渔家文化的体验离不开美食。首先是渔家面食（也称"年蒸"），年蒸即制作祭祀用的渔家面食，多为龙、刺猬、葫芦、石榴、鲤鱼等与渔业生产相关的造型。从发面、揉面、捏面到蒸制，全都由女主人手工制作。出锅时盖上印戳，每家的印戳各不相同。因为渔民多来自北方，故所制作的面点兼具南北方文化特色，体现了北方面食文化与南方水乡风情的相互包容和融合，堪称一绝；另一大美食特色则是"水上筵席"，每个季节都有不同的菜肴，所用食材都是来自邵伯湖，讲究"湖水煮湖鲜"，用渔家烹饪技术制作，多用活杀、活炝、清蒸、白煮等方法，形成了"邵伯湖八鲜"渔家船菜。渔家文化另外的重要体验就是悠长的渔歌和神秘的渔家祭祀礼，都寄托着渔民对于自然的敬畏和对美好生活的向往。

渔家美食

　　沿湖村民还有丰富的民俗文化活动。方巷镇是地方戏曲扬剧的发源地，扬剧以古老的"花鼓戏"和"香火戏"为基础，又吸收了扬州清曲、民歌小调发展起来。唱腔刚柔并济的风韵，主要是蕴涵了花鼓戏曲调的轻绵细腻、香火戏曲调的阳刚粗犷、民歌的隽永清新以及清曲的情感多变。走在村中，经常可以听到扬剧的声音萦绕于村庄的上空。

扬剧

在地陪伴，用乡土改造改变生活

一家一天地，一村一世界，村庄作为村民生活的主要场所，如何通过适当的改造提升生活的品质是设计团队所需要重点考虑的，也是村民最为关注的方面。考虑到乡村项目建设实施中问题较为复杂，设计团队摒弃以往案头作业的方式，采用在地设计的方法，向自然学习、向村民学习、向传统学习，通过"针灸"的方式，在延续地域空间和生活温度的基础上，通过一处处小的改变，让村民看到希望，让村庄受到激发，进而推动方方面面发生了细微而又深远的变化。

废弃渔船做装饰

闲置物品"变废为宝"

设计团队在调研中发现家前屋后随处堆放了各种闲置物品，有旧砖瓦、旧木头等闲置建材，有破船、破网等废弃生产工具，还有瓦罐、玻璃瓶等闲置生活物品。而这些闲置物品的处置也成为村集体的"心头大患"，长年累月的堆放严重影响了村庄环境，而村民节俭的"天性"，也让村集体数次清理行动半途而废。

瓦罐装饰围墙

设计团队与村集体协商后，决定以极低的价格将这些闲置物品"收购"，通过匠心设计，把这些闲置物品运用到广场、围墙、标牌等建设中去。如在村庄公共活动场地建设时，利用废弃渔船作为装饰，体现了浓郁的渔村风貌。闲置物品变废为宝实现了村庄环境改善、乡土特色彰显、干群关系改善等多重效益。

家前屋后焕新颜

在村民院落空间改造时，设计团队根据地域文化特征和产业特色，提出"菜单式"院落改造方案。然而，各家各户的情况千差万别，生产生活诉求也各不相同，在秉持"菜单式"改造方案确定的基本原则上，因户制宜制定改造方案。详细到平面布局、材料运用、高度尺寸、图案装饰、施工技法等，在村庄风貌总体协调的基础上，做到各家各户别具特色。

家前屋后

荷塘改造前后

河流水系变清澈

村庄水域面积较大，对于水岸线和水体开展生态修复也是规划设计团队面临的重要任务。经过淤积水体疏浚、驳岸整治、水生植被整理、污水截流等一系列工作，沿湖村生态环境得到极大的改善。今天的沿湖村水体清澈见底，水中鱼虾等物种类型进一步丰富，大量的白鹭、野生鸟类回归，人与自然和谐共处。

公共空间现活力

由于村庄土地资源紧张，公共空间尤为缺乏，增加交往空间成为设计团队在需求调查时村民反馈最为集中的问题。设计团队跑遍全村的角角落落，发现了三块公共活动场地，然而用地狭小，设施配置不全，使用效率较低，为进一步提升公共活动场地功能，需要利用周边村民土地进行扩建。正因有前期院落改造的工作基础，很快就取得村民理解并顺利对用地进行了整合。公共活动广场建设时，多采用竹子、青砖、废瓦、陶罐等乡村材料和废弃材料，并以渔船、渔网、船桨等渔文化特色显著的老物件点缀，既节省了成本、延续了集体记忆，又彰显了村庄特色。

此外，针对村民的需求，设计团队提出了道路、基础设施、河道驳岸、步行道、景观构筑物等项目的设计方案，大幅提升了村民生活品质，通过改造点亮了村民生活。

公共活动广场改造前后

村庄道路改造前后

特色彰显，用设计扮靓风景

沿湖村河湖纵横的自然资源、丰富的渔业资源以及美味地道的渔家食、神秘独特的祭祀礼、刚柔并济的扬州剧，成为村庄建设发展的依托。设计团队深入挖掘村庄特色，用特色扮靓风景，推动持续发展。

渔家非遗面食传承人——马长云　　　　渔家说唱非遗传承人——刘田高　　　　得天独厚的自然资源

擦亮自然底色

　　沿湖村紧邻邵伯湖，村内河塘密布，农房依水而建，村湖一体的田园景观是其最大的风貌特色。设计团队在现有基础上对村落整治提升，对淤积的河塘进行沟通疏浚，并对沿村、沿河的林网绿带进行沟通互联，使村、湖、林相互交融，进一步彰显了自然淳朴的渔村风光。

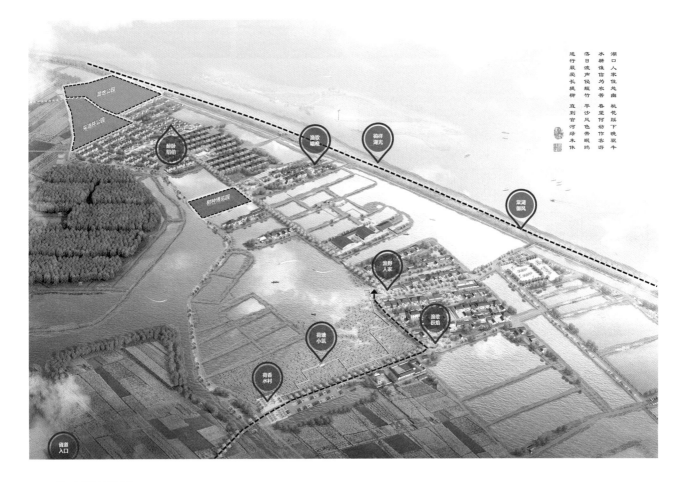

构建景观路线

　　通过对村庄自然条件和特色资源的梳理，设计团队寻找到一条可作为村庄主要公共活动的线路，也是村庄的特色景观廊道和对外展示的旅游线路。该线路串联了村庄中最有特色的公共空间和景观节点，起始于村庄的入口，穿过茂密的田园后，视线豁然开朗，就会看到宽阔的荷塘美景和荷塘对面的小桥流水人家，沿着长长的河边小路就到达了渔野人家，穿过或宽或窄的渔野人家小路折返向南，就到了湖堤路，浩渺的邵伯湖陡然出现在眼前，令人心旷神怡。这条线路充分凝聚了渔村的文化气质和特色，成为渔村最靓风景线，也是村民和游客的一条回家路。

打造特色节点

设计团队沿着景观路线设计了一系列景观节点，包括村口标识、荷塘小筑、滨水栈道等。在建设中坚持采用本土材料、技艺和建造方式，如地面铺砖采用废弃青砖铺砌，并结合青瓦收边处理，既方便施工，又可以取得较好的视觉效果。同时，采用了大量的渔文化元素，渔船、鱼浆、渔帆、渔网等一系列元素随处可见，成为村庄内一处处靓丽的风景。

省道入口标识概念设计　　　　　　　　　　村口设计

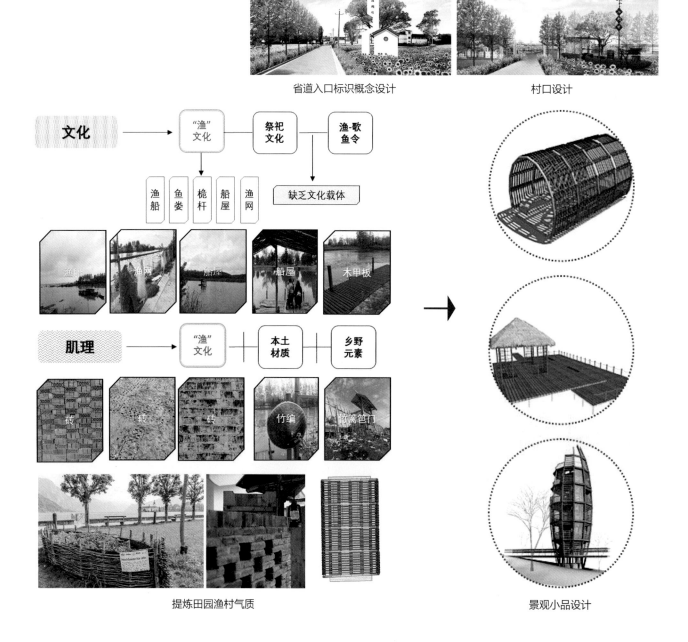

提炼田园渔村气质　　　　　　　　　　　　景观小品设计

共建共享，用家园建设凝聚共识

特色田园乡村建设不仅点亮了村民生活，扮靓了村庄风景，还成为凝聚村民共识、推动村民建设家园的途径。村党总支书记刘德宝是中共江苏省委第十三届委员会代表，扬州市劳动模范。在他的带领下，沿湖村发生了翻天覆地的变化。在特色田园乡村建设工作中，他广泛调动村民积极性，通过座谈会、上门交流、激励奖励等措施，动员大家参与到特色田园乡村建设中来。设计团队以问题为导向，通过多种方式征集村民意见，与村民共同商定家前屋后改造设计方案。在村庄风貌总体协调的基础上，让各家各户发挥主观能动性，改善自家环境卫生，扮美房前屋后，通过点滴建设工作，激发村民主人翁意识，提升对于家园的自豪感，增强参与村庄建设的积极性。

与此同时，在建设中，邀请老支书、退休干部、新乡贤参与到各类项目中，通过决策共谋、发展公建、建设共谋、效果共评等方式，推动社会各方共同参与特色田园乡村建设。

刘德宝书记、村干部、村民全程倾心参与沿湖村建设

今天的沿湖村

经过三年的建设，沿湖村的人居环境进一步提升，设施配套得到进一步完善，并建成了一批产业配套项目，打造了本地树种博览园、小游园等公共活动空间，并在村庄北部继续实施"渔民上岸定居"安置小区项目。

推进文创产业打造沿湖"渔"文化。在特色田园乡村规划设计方案的基础上，深化渔文化博物馆的项目建设方案并开工建设。充分参考国内外相关博物馆，打造具有乡愁记忆与景观特色的渔家博览园。积极呼应扬州城市书房行动，建立渔家书房，提倡读书风尚。

渔民上岸定居方案

渔民上岸定居安置小区施工照片

渔家书房竣工照片

渔文化博物馆施工现场照片　　　　　　　渔文化博物馆建成效果

　　"渔家乐"、赛事活动带动乡村旅游发展。放大渔家特色，让渔民口袋"鼓"起来，鼓励扶持渔民发展特色渔家乐，每到节假日更是一桌难求。通过示范带动，渔民又自发筹建了"常来渔家""沿湖小马哥"等网红农家乐。2018年，在沿湖村成功举办了邗江区第十七届全民健身体育节暨首届乡村体育健身节"久扬"杯钓鱼大赛，同步推进国际垂钓基地项目落地，包含9个专业钓池。2019年7月底正式投入使用，全年接待游客25万人次，带动就业1120人，实现旅游收入2600万元。越来越多的渔民告别靠水吃水的历史，走上了红红火火的致富路。

　　成功引导大学生回乡创业。鼓励引导有知识、有文化、有技术的本乡籍在外年轻人返乡创业，着力培育职业农民和农民"老板"创业，让农民在家门口走上致富路。成功鼓励返乡青年马明斌夫妇、沈常来夫妇、大学生屠苏自主创业，带动周边就业1000多人，引领渔家乐、民

特色"渔家乐"

沿湖村赛事新闻

宿创业 30 多家，设立旅游线路三条，成功孵化"渔三代"俏渔娘，渔家书房经营者刘柳、渔漾时光茶吧经营者黄成娟、渔坊文创手作人倪传雪、雪山生态经营者刘锦丽等的创业项目。

大学生回乡创业

结语

沿湖村靠湖吃湖，在湖水的滋润下，依靠传统渔业不断发展。而特色田园乡村的建设，不仅推动了生活环境的改善，还促进了乡村一二三产的融合发展。通过改建点亮生活，通过设计扮靓风景，通过建设凝聚共识，沿湖村实现了蝶变。

2018 年 4 月，习近平总书记指出：长江应共抓大保护，不搞大开发。2020 年 1 月，农业农村部发布《长江十年禁渔计划》。沿湖村积极响应号召落实要求，改变发展模式，由"靠湖为生"向"靠景致富"转变，相信未来沿湖村的蝶变之路越走越宽广。

水韵淤溪·千垛周庄：

泰州周庄村

"千亩垛田处处景，最是周庄大美时；荡起花船唱起来，传统技艺现生机。哎哎，哎之哟……"前不久，泰州市姜堰区淤溪镇周庄村几位大妈身着五颜六色的服装，在家门口荡着花船，唱着新创的歌词，引得游客纷纷拍照留影。在首届周庄乡村旅游节，当地特有的千亩垛田美景、原生态的田野美味、丰富多彩的传统技艺展示，备受游客追捧。

《新华日报》2019 年 6 月 12 日

段　威　江苏省城镇与乡村规划设计院有限公司综合办主任
研究员级高级城乡规划师

初识周庄

周庄村地处泰州市姜堰区淤溪镇西南，坐落在美丽的鲍老湖畔，村庄临水结村、推窗见河、开门走桥，美丽的自然村落和天然景观形成了里下河独树一帜的垛岸农耕景观，素有"鲍老湖明珠"之称，诗人储树人也曾留下"挑菜人来驾小艓，条条垛岸浪春撞"的佳句。

周庄村共有 311 户，1070 人，村域面积 1.2 平方公里，整村南北狭长延伸，呈现"圩—村—河—垛—田"的格局。

里下河地区河流纵横、水网密布，形成了独特的垛田风貌。垛田，即"凡下田停水处，燥则坚垛"（北魏贾思勰《齐民要术·旱稻》），它不仅四周环水，且比垛田更细小更破碎。全国至今垛田尚存的已经不多，垛田尚存的更少。垛田是当地农民化水害为水利，跟自然共处、抬土成垛、耕作栖居生息的地域文化遗存，是比肩"垛田"的里下河农业文化遗产。

垛田地貌

在特色田园乡村建设之前，周庄村虽然已经过一轮村庄环境整治，村庄内部环境风貌及基础设施得到了一定的改善，但仍面临着村庄凋敝、产业衰败、风貌特色彰显不足等问题，特别是对垛田的保护及利用不足。2017 年，村集体可支配收入仅 19.2 万元，农民人均收入 16470 元，村庄主要以蔬菜种植、粮食收购、服装加工和劳务输出为主。村庄呈典型的里下河水乡聚落特征，村民住宅集聚，建筑密度较高，除村庄外围新建区域外，村庄内部道路无法满足机动车辆通行，巷道狭窄。建筑风格差异较大，传统青砖"泰式民居"和现代"欧式小别墅"共存，风貌较为杂乱。

试点建设前的周庄村庄风貌

周庄行动

周庄特色田园乡村建设以当地农业文化遗产"垛田"复兴为主线，凝练"千垛"理念，着重拓展"千垛"在特色景观风貌、农业生产组织、经营管理、农耕文化彰显等方面的空间载体作用，实现传统农耕文化复兴下的乡村发展路径。

保护里下河地区特色农业文化遗产，留住地域乡愁

2017 年之前，作为里下河地区特色农业文化遗产，"垛田"并没有得到应有的关注和保护，弃耕荒芜、随意取土而破坏地形、水道淤塞、环境污染加速了垛田的衰落，往日烟火兴旺的村落面临人口流失、农业凋敝的衰落困境。

水的消退　垛的衰退

田的弃耕　村的没落

人的离开

传统的"垛田"受制于空间特质，在现代高效农业发展的挤压下已经走向衰败，曾经辉煌的里下河"农脉"面临消亡。

垛田面临的发展困境

在周庄村特色田园乡村建设中，有效纠正了当地以往"乡村大改造大建设"的方向性偏差，让保护和抢救"垛田"文化作为乡村发展的前提和重点。

一是遵循"在保护中利用，在传承中发展"的原则，实现遗产保护传承与利用发展的有机结合，减少过多开发建设对垛田地貌的破坏，在垛田利用中保持"田—禽—鱼"共生的传统种养方式，还原传统耕种与灌溉方式，提倡使用农家肥，一定程度上恢复里下乘船劳作的耕作方式，提升农业的文化附加值。

二是保护生物多样性，恢复生态系统。在垞田空间布局中关注生物走廊和连接性，为野生动植物提供旅行和寻找新的食物来源、水源和伙伴的路线。使用本土植物配置，种植本土植被是维系栖息地天然动植物的最好方式，培育鸟和虫子，建立生物循环系统。

三是在村庄整体布局中，划定"垞田传统文化风貌区"，彰显"北村南垞，傍水而居"的传统风貌格局。将闲置低效的农业空间进行恢复性改造，恢复和修补垞田生态本底，延续传统的同时植入新功能，建设乡村特色发展的重要空间载体——千垞农庄。

保护"垞田"肌理

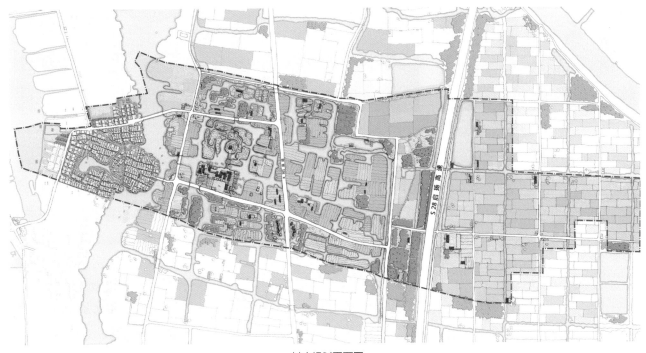

村庄规划平面图

促进田园乡村建设与"三生"系统有机更新的耦合

以垱田农耕文化保护为主线，使之贯穿特色田园乡村"三生"建设全过程。

生态层面。结合乡村生态环境建设，重点加强垱田生态环境治理与恢复，清除污染源，整理地形，疏浚水脉，恢复依水舟行的垱田耕作水路网，修复和加固垱田生态岸线，重塑"无舟不作田"的传统农耕景观风貌。

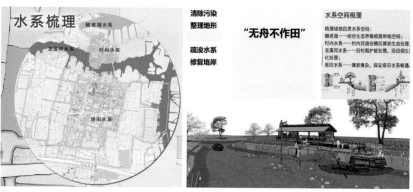

水系梳理示意图

南大湖整治成效

鱼塘整治成效

垱田整治成效

生产层面。结合乡村功能布局安排和生产设施完善，恢复垱田传统特色作物种植，拓展其作为传承传统农耕文明和链接当代农业发展的空间载体功能，丰富内涵，完善配套建设等。包括恢复种植适宜当地垱田四面环水、土质肥沃透气特色的农作物，如淤溪番瓜、芋头等。拓展垱田作为农业基本生产空间单元外的新功能，如结合既有房屋改造为农夫市集"垱"、农业休闲观光"垱"等，延长地方特色农业微链条。

人居环境层面。一是强化当地"泰式民居"保护与传承，提炼出坡屋顶、传统镂空脊头、特色墙裙等当地传统建筑元素，对公共建筑及民居进行修缮或改造。二是重点塑造村内滨水公共水岸活动带和沿村

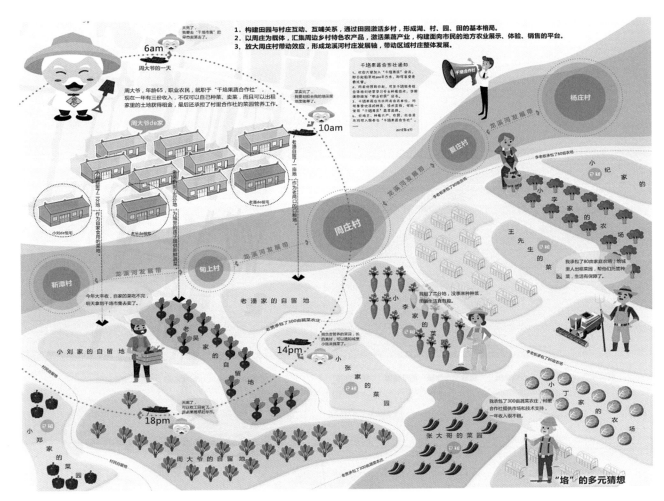

塅田生产组织示意图

巷"塅岸"传统农耕文化带，将生产河道和生活河道分离，积极利用滨水闲置空间，将闲置房屋改造为创意民宿、农家乐、网络商店、手工坊等，供游客休憩、体验。三是完善"塅岸"农耕文化舞台等设施，突出里下河水乡风情和塅田农耕传统文化内涵，从而在整体上将农业文化保护和乡村建设有机融合、整体推进。

典型建筑设计

提取并应用传统"泰式民居"元素，彰显地域建筑风貌特色。

建筑改造示意图

青砖墙面　　　点缀桃桃　　保留现有屋脊　酒缸装饰　新增连廊　　　　　传统小瓦屋面　新增连廊　　　文化装饰

垉岸入口设计

利用矮墙、小船、泰式民居等乡土元素，塑造村口景观。

垉岸单元设计

利用"垉岸"闲置空间，打造"外婆家""大锅灶""漂浮菜园"等休闲空间，结合独特的水田交融空间，形成由游船串联的"垉岸"组合。

周庄村以水乡文化、垛岸特色为主题，已初步完成了"一环两带多节点"的建设内容：通过滨水游步道建设，打造了 1100 米水乡文化生活环；通过村庄门头、围墙、文化宣传栏建设，打造了 700 米"千垛"文化展示带；通过水岸护坡整理，建设了 720 米村庄滨河风光带；新增两处特色村口，改造提升绿化面积 6000 平方米；新建集中式污水处理设施两处，铺设管道 2200 米；增设了与村庄风格相契合的公厕、公交等候站、乡村大舞台等公共服务设施。

　　经过改造，周庄村环境卫生整洁、配套设施完善、乡土风情浓郁，呈现出"村景一体、农旅合一"的新的发展格局。

整治前后

村庄建设成效

以垛田为触媒，实现资源从"沉睡"到"唤醒"的转变

充分发挥垛田单元既相对独立、又相互联系的有机系统特点，积极开展多种新的农业生产经营模式尝试。一是保留单块垛田便于村民小农耕作；二是整合多个垛田交由专业大户或家庭农场经营；三是将更大面积的空间进行聚合，对接农业专业企业，建设现代农业产业园，多元主体协作共享，成立村集体垛田土地与经营合作社统一管理，确保小农户和现代农业有机融合发展，形成"千垛"农业有机组织，有效提升乡村治理水平。

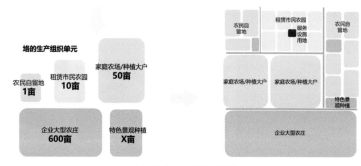

垛田生产单元组织模式

在特色田园乡村建设中，周庄村以垛田为触媒，多种方式谋划产业发展。

一是以旅游产业为引领。结合泰州农业生态走廊的打造，以"垛"为主题，以"农业＋旅游＋观光"的产业发展模式，以"水＋N"立体种养殖业优势，打造出周庄村（X304）高效生态农业示范区。示范区占地 3000 亩，分别为生态果蔬区（1600 亩）、垛田种养游核心区（700 亩）、稻田套养示范区（700 亩）。垛田种养游核心区已种植玫瑰、香笋、狗尾草、桃树等各类果蔬花卉；生态果蔬区涵盖樱桃、桑葚、苏梅、黄金梨、火龙果、车厘子等优质品种；稻田套养示范区成功引进泥鳅、鱼蟹、龙虾套养模式，构建新型微型产业链。

二是以富民产业为关键。连续三年大力实施支部"谋发展、强农业"行动，致力打造产业振兴新农村，周庄村两委班子牵头成立果蔬专业合作社，注册"鲍老湖"商标，合作社总投资 90 万元左右，由上级

旅游节现场

果蔬产业

帮扶、村集体入股、吸纳村民、社会资本等多方参与，带动就业 40 多人，年均收入能达 20 万元。成立电商联盟，淘宝 APP 上线千垛系列果蔬店铺。

三是以文化产业为重点。传承云来庵、古亭文化，扩大周庄根雕、捏泥人等民间艺术影响，连续两年成功举办了"水韵淤溪 千垛周庄"乡村旅游节，吸引游客 2 万人次，其中的十番锣鼓、踩高跷、狮子舞、斗七巧、蚌精撒网、会船表演等民俗文化目不暇接，令人叫绝，并得到今日头条、《新华日报》《泰州日报》的相继报道。目前，十番锣鼓正在申请非遗。

会船表演

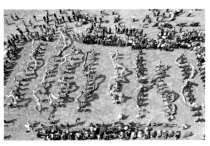
八龙共舞

"十里红"腰鼓队

滚莲湘

结语

"千亩垛田处处景，最是周庄大美时"，春阳煦风下，千亩垛田，田河相间，田水相依，一块块垛田像飘浮在水上的岛屿，玉米、蚕豆、莴苣、甜瓜、番茄等农产品争相竞绿，形成了水乡垛田特有的风光，吸引了一波又一波的游客。

周庄特色田园乡村建设以传承地方农脉为历史己任，秉持原真性理念，抢救性保护了里下河地区农耕文明地垛田，在留住乡愁的同时，以特色挖掘彰显和发扬光大推动了当代活力提升，为乡村可持续发展开展了有益的尝试。

文化建设引领下的"香"村振兴实践：
徐州马庄村

　　马庄村抓住乡村旅游发展的机遇，瞄准特色手工制品香包，谋划产业发展。这几年，通过老手艺人"传帮带"，开发新款式，为马庄村的传统手工香包注入新活力，村里还注册了商标和专利，建起了香包青创大院。村里先后成立了6家香包专业合作社，创造了300多个就业岗位。2020年马庄香包线上线下的销售额将近1000万元，香包从业人员的人均年收入达到3万元。新的一年，马庄村正按照江苏省特色田园乡村规划，进一步延伸产业链，从中草药种植到文创产品，逐步形成以特色香包和生态旅游为核心的综合产业发展新格局。

新闻联播 2021 年 1 月 13 日

赵　毅　江苏省规划设计集团有限公司江苏省城市规划设计研究院院长
　　　　研究员级高级城市规划师

黄丽君　江苏省城镇与乡村规划设计院有限公司主任工程师
　　　　高级城乡规划师

马庄村，隶属于徐州市贾汪区潘安湖街道，坐落在风景秀丽的潘安湖国家湿地公园西侧。马庄村是行政村村部所在地，面积约 $58.4hm^2$，共有村民 418 户，1463 人。

　　马庄村曾是一个偏僻普通的湖边小村庄。改革开放以来，马庄把党的政策、群众需求与自身实际紧密结合，充分挖掘具有农耕特质、民族特色、地域特点的文化内涵，激发全体村民参与文化创造的活力，在社会主义新农村建设中，走出了一条以"文化立村、文化强村"为抓手的新路子，形成了极具特色的"马庄文化"。马庄村不仅文化富有，生活也较为富裕，2017 年农民人均纯收入 1.86 万元，高于当地及全省平均水平。在"马庄文化"的引领下，马庄没有出现乡村地区普遍存在的"空心化"现象，村民基本都在"家门口"就业创业，96% 的村民不愿意离开本村，是一个凝聚力强、活力十足的村庄。

　　2017 年 12 月 12 日下午，习近平总书记在江苏调研期间走进了马庄，参观了村史馆、党员活动中心，饶有兴致地观看了一段十九大精神宣传快板，还自己花钱买了一位老人手工缝制的特色香包。习近平总书记肯定了村"两委"的工作成效和村庄文化建设的积极成果，他指出：农村精神文明建设很重要，物质变精神、精神变物质是辩证法的观点，实施乡村振兴战略要物质文明和精神文明一起抓，特别要注重提升农民精神风貌。

　　得益于突出的文化建设成效、良好的生态本底、扎实的党建工作，马庄成功入选江苏省第二批特色田园乡村建设试点。试点建设两年多来，马庄沟通了环村水系，建设了污水处理设施、公厕；流转了土地，种植适合徐州地区生长的中草药，建设了香包文化大院、香包文创综合体，带动了 300 余名村民利用香包创业就业。村里的环境更新了，产业集约增加了，人们的生活更好了。

融合多元文化，坚持文化立村

　　马庄生态环境优良、文化活动丰富、香包产业潜力巨大、党建工作扎实有力、精神文明建设成效显著，具有较好的创建基础。但按照农业农村现代化和乡村全面振兴的高标准要求，马庄在多元文化融合、产业特色挖掘、生态本底营造、田园意境彰显等方面仍有进一步提升的空间。

　　《徐州市贾汪区潘安湖街道马庄村马庄特色田园乡村规划》（以下简称《规划》）紧扣马庄文化特色，将农耕文化中的"中草药"和民俗文化中的"香包"相结合，突出"香"主题，提出"药香彭城，乐动华夏"

规划总平面图

的规划定位，并在"药香"文化、"芳香"产业、生态保育和田园意境等方面予以落实。

《规划》提出构建中部村庄聚落、东部生态融景、西部田园产业的空间格局。改造现状神农广场、二十四节气广场，并向西延伸形成"药香"文化体验线路，整治南北向的中心路及两侧民居形成"农乐"文化体验线路，修缮水塔、改造渡槽形成承载乡愁记忆的体验线路。通过文化体验线路的塑造和水系梳理、活水补水、水体净化等措施，优化村庄空间结构、功能组织和生态环境，落实与"香"主题相关的文化体验节点和产业项目。

落实文化主题，设计改善空间

《规划》落实"药香"文化主题，结合"香包+"产业，组织和设计相应的空间节点，促进文化与产业的有机结合，同时对空间进行整理和织补，重塑田园意境。

香包文创综合体——展示"香包"文化：《规划》将村部北侧废弃的江淮汽配厂重建为香包文创综合体，在平面布局上，保留原围合式的院落格局，和周边建筑肌理协调；在建筑风格上，延续徐州地区传统的黑白色系，建筑采用木质窗户与灰色屋顶，通过连续的坡屋顶和现代化的外立面设计，将现代与传统融为一体；在功能上，包括了香包展示、香包手工艺培训、电子商务、对外接待等功能，作为香包学习、制作、销售、展示的空间。

建筑屋顶整体上采用波浪样式的设计，将体量较大的空间从视觉上切分成多个小个体，使之既与传统建筑风格相协调，又可以从不同角度

文创综合体设计方案室内效果图

香包文创综合体

薰衣草　波斯菊　农业渡槽　挡土墙　活动场地　台阶　乡间街路　竹篱笆

渡槽设计图

观赏风格各异的建筑景观；建筑内部采用大空间的处理形式，灵活多变，以白色调与淡黄色木质纹理为主，体现简约与现代的设计风格。同时，大空间与小空间的灵活组合能够满足不同的功能需求。

渡槽——承载乡村发展历史：马庄的渡槽是 20 世纪 80 年代的产物，目前渡槽的输水功能已被废弃，但它是马庄村庄发展的印记，承载着农耕文化历史，非常有必要保留、活化、再现。规划在槽内种植中草药连翘，外部种植薰衣草并增加休闲活动空间，供游客驻足观赏历史上的水利工程并感受马庄的农耕文化。

水塔——植入农耕文化主题：《规划》对水塔地块进行改造，植入农耕文化主题、农民乐团发展历程、村庄发展记忆、工业水文化展示和休闲观光等功能。设计理念一方面来源于水滴滴落前的灵动与起伏，在整个场地设计上增加起伏变化，增强体验感；另一方面利用时间轴线展示村庄 30 年发展历程。功能上，内部注重装饰，增加文化宣传展示功能；外部增设登高观光体验功能。

文化引领建设，建设彰显品质

《规划》在马庄行之有效的乡村治理基础上，突出文化特色和基层党建，融合多元文化要素，通过文化建设引领产业发展、生态保育和田园意境塑造，将文化特色、产业特色、生态特色在空间上予以落实。

香包文化大院、水塔建成实景图

香绣街建成实景图

农家乐建成实景图

环村水系建成实景图

特色田园乡村建设的积极效应

以文化为内核凝聚人心

通过特色田园乡村建设，马庄更加注重多元文化的挖掘、整合和利用。《规划》为"马庄文化"赋予了新的内涵，通过整合中草药种植和中药香包制作，形成了马庄村独具特色的"药香"文化品牌，香包文化元素被应用在路灯、指示牌等小品中，还定期在香包文化大院开展香包展销会，宣传非物质文化遗产，使特色"香"文化成为马庄凝聚人心和乡村发展的核动力。

马庄村定期组织升国旗、唱国歌、村广播、周末舞会、纳凉晚会、农民运动会、联欢会和"五好家庭"评选等活动，深入宣传党的方针政策，加强思想道德教育。同时，村委会积极筹建图书馆、文化礼堂、村史馆、支部党员活动室、综合便民服务室等文化设施，使村民学习有场所、表演有舞台、活动有阵地。

走在村里，村民热情高涨。工作日，他们在潘安湖景区、马庄香包文化大院打工；业余时间，他们参加农民乐团、民俗表演团的演出，生活富裕，精神充实，日子有奔头。

以"香包＋产业"拉动村民收入增长

结合"药香"文化品牌，提出"香包＋"的产业发展思路，调整和优化提升产业发展方向，推动一二三产业融合互动发展。一产方面，改变原有种植玉米、大豆等传统粮食作物的现状，积极引导村民种植适合徐州地区生长的艾草、薰衣草、柳叶马鞭草等中草药，作为香包的原料；二产方面，进一步发挥非物质文化遗产传承人王秀英的影响和带动作用，消化吸收农村妇女劳动力，通过"香包＋艺术文创""香包＋互联网"等手段，做强做大手工香包产业，提高香包产业链相关工作人员的收入；三产方面，依托党建文化、香包产业和农业生态，策划了"党建教育游""民俗文化游""农业休闲游"等旅游产品，在现有丰富活动的基础上补充了应时应季的四季活动，策划了体验"药香文化""农乐文化""乡愁记忆"为主题的多条旅游线路。

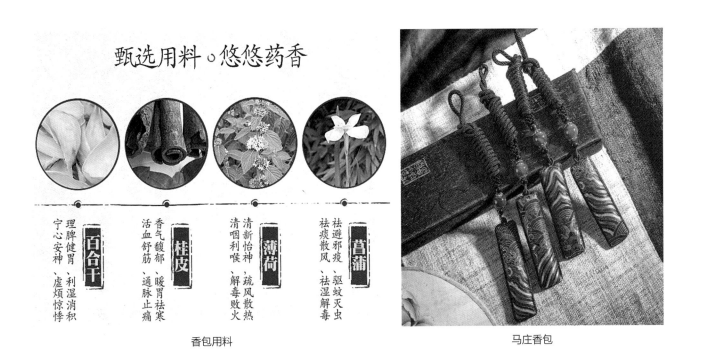

香包用料　　　　　　　　　　　　　　马庄香包

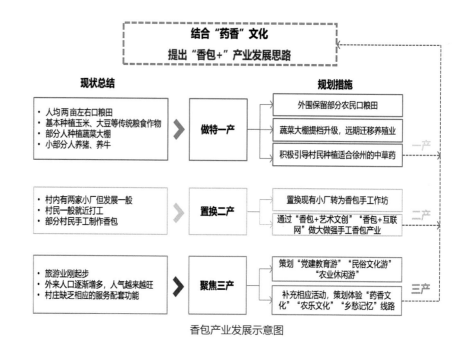

結合"药香"文化
提出"香包+"产业发展思路

现状总结 **规划措施**

人均两亩左右口粮田 · 基本种植玉米、大豆等传统粮食作物 · 部分人种植蔬菜大棚 · 小部分人养猪、养牛	做特一产	外围保留部分农民口粮田
		蔬菜大棚提档升级,远期迁移养殖业
		积极引导村民种植适合徐州的中草药

一产

| 村内有两家小厂但发展一般 · 村民一般就近打工 · 部分村民手工制作香包 | 置换二产 | 置换现有小厂转为香包手工作坊 |
| | | 通过"香包+艺术文创""香包+互联网"做大做强手工香包产业 |

二产

| 旅游业刚起步 · 外来人口逐渐增多,人气越来越旺 · 村庄缺乏相应的服务配套功能 | 聚焦三产 | 策划"党建教育游""民俗文化游""农业休闲游" |
| | | 补充相应活动,策划体验"药香文化""农乐文化""乡愁记忆"线路 |

三产

香包产业发展示意图

在推进产业转型方面,占地 0.1km²(150 亩)的马庄采摘园已建设完成;占地约 0.33km²(500 亩)的药香园已经完成土地调整,全面启动建设;部分闲置民居改造为农家乐民宿;马庄文创综合体已建成使用,下一步将作为区域性文创孵化基地;1921 红街、马庄文化大集、淮海干部学院等重要项目也正在建设中。

近三年来,马庄村的产业发展迅速,2020 年村集体收入达 400 万元,农民人均纯收入同比增长 54%,接待游客 40 余万人,旅游收入较去年翻了一番。建成了集香包制作、展览、销售功能于一体的香包文化大院,带动了 300 余名村民利用香包创业就业,2020 年香包销售收入超 600 万元,同比增长 20%,香包从业人员人均年收入达 3 万元。

马庄香包手工制作

结语

　　马庄以文化特色为抓手，以基层党建为基石，融合多元文化要素，通过文化建设引领产业发展、生态保育和田园意境塑造，将文化特色、产业特色、生态特色在空间上予以具体落实，是文化振兴、产业振兴、生态振兴的生动样板，探索了一条文化建设引领下的乡村振兴之路。

　　文化建设引领乡村发展，是实施乡村振兴战略的有效方式。加强农村精神文明建设，立足本体、借鉴先进、面向未来，把农耕文明和现代文明结合起来，把保护传承和开发利用结合起来，让农业农村现代化成为有根有魂的现代化，让历史悠久的乡土文化在新时代展现出独特魅力和风采，这就是乡村振兴的"马庄实践"！

山枕水绕，回汉交融的风情乡村：
常州陡门塘

雪堰镇城西回民村陡门塘是苏南地区唯一的少数民族聚居村。城西回民村依托太湖湾旅游度假区辐射带动优势，积极建设美丽乡村和特色田园乡村，发展乡村旅游。同时，深入开展村庄环境整治，结合民族风情，全面提升村容村貌，创优创美人居环境，全力彰显山区田园风光，积极打造绿色生态的环境品牌，将这处"小盆景"打造成了连片的"好风景"。经过村民的努力，这个昔日的"贫困村"变身"新农村示范村"，实现了脱贫、致富、奔小康的"三级跳"。

我苏网 2020 年 5 月 27 日

陶 镅 南京长江都市建筑设计股份有限公司
城市规划院院长，高级城乡规划师

汪海滨 南京长江都市建筑设计股份有限公司
城市规划院院长助理，城乡规划师

陡门塘自然村隶属常州市雪堰镇城西回民村，地处太湖湾城湾山区，交通便捷，周边旅游资源丰富。陡门塘村有 700 余年历史，因避元代战乱南迁而建立，目前村庄人口约 735 人，其中回民数量 356 人。陡门塘在特色田园乡村建设试点前，经济与产业基础条件较好，但村庄环境欠佳，建筑陈旧破败、色彩混杂，村内沟塘淤塞，水质较差，公共空间缺乏活力，村民的物质文化生活匮乏，村庄内部及周边沟通不便，成为太湖湾大旅游圈中的孤岛。

通过试点建设，今天的陡门塘村俨然一幅"落英缤纷，茶香四溢，阡陌纵横，星罗棋布，山枕水绕，屋舍俨然，围寺而居，回汉交融"的世外桃源景象，形成了"春赏花、夏摘果、秋品鲜、冬滑雪"的乡村四季乐游图卷，尽管受到疫情影响，2020 年接待游客达 28 万多人次，带动村民人均增收 4200 元，村民人均可支配收入超过 3.7 万元，并先后荣获了"全国民族团结进步模范集体""全国生态文化村""中国美丽宜居村庄""中国美丽休闲乡村""全国乡村旅游重点村""国家森林乡村"等荣誉。

陡门塘的巨变源自 2017 年 8 月该村成功入围江苏省第一批特色田园乡村建设试点。特色田园乡村作为江苏实施乡村振兴战略的有效抓手，是一种创新的乡村发展模式，其本质在于以村民为本、以"特色"为导向，重点在于将村庄和周边田园环境作为整体开展设计建设，从乡村建设、发展、经营等方面进行联动思考和总体谋划；同时，强调历史文化和乡愁记忆的挖掘、传承和表达，整体带动村庄产业发展，延续田园式的生产生活方式。

村庄试点建设前后对比

治村修路联水复山，实现乡村环境巨变

设计不局限于对村庄本身环境的孤立思考，而着眼于统筹村落与周边山水林田湖村的同步治理，营造村融于景、景显于村的诗意画卷，推动走出陡门塘绿色发展、生态宜居的乡建之路。

因地制宜，提升复兴老庄台

在规划设计和建设中强调原有村庄的保护振兴，在延续传统肌理，保持富有民族特色、传统意境的田园乡村景观格局的同时，满足村民日益增长的现代化需求。实现在村民富裕的基础上"望得见山，看得见水，记得住乡愁"的美好愿景。

首先表现在建设中，活用在地材料，巧妙搭配老物件。具体以清真寺、百年老宅、临溪驿馆等富含民族、历史人文特色的场所为抓手，创新体现历史记忆、乡风民俗、文化符号等要素，全面提升现有场所品质，最大限度保留历史文脉和原乡记忆。利用闲置、零散的建设用地新建溪畔驿站、杨梅廊亭等配套设施，使用旧的木构架、废弃磨盘、酒缸、瓦罐等旧农具进行景观搭建，形成有意义、有活力、有温度的公共空间。

景观绿化建设

溪畔驿站设计方案

　　在乡村道路建设过程中，采用本地石材、鹅卵石等进行铺设，兼具实用性和生态环保要求，同时利用废旧轮胎、竹篱笆等材料对道路和建筑周边进行精细化处理，塑造乡土特色的别样景观。

　　在景观绿化中选种本地适生的杨梅树、红叶石楠、榉树、香樟、黄杨、广玉兰、石榴树等树种，结合田间种植的桃花、梨花、蔬菜等经济作物，营造别具一格的乡野特色。

打通"经脉"，完善"毛细循环"

　　内部串联：完善连接乡村内部的断头路，提高内部的通达性和舒适性，使村民的出行安全、适用通达。共建设二级道路3753m，三级道路6720m，其中含自行车道2180m，以满足骑行爱好者需求。根据乡村旅游布局及实际使用需要，适当配建生态停车场2座。

　　周边衔接：依托黄龙山，顺应茶田、果林肌理，运用乡土碎石构筑登山小道，并于山腰、山顶分设半丘亭与山顶小驿，促使山体资源活化，让山可登、景可赏、游可憩，使村庄周围形成有机整体。

　　对外联系：村庄对外新建百花迎宾路，加强与太湖湾旅游度假区的交通衔接。陡门塘发展体验乡风野趣与田园食宿体验，与周边度假养生、主题娱乐、滨湖休闲等区域功能实现互补，成为环太湖大旅游圈层

村庄道路建设

游步道建设

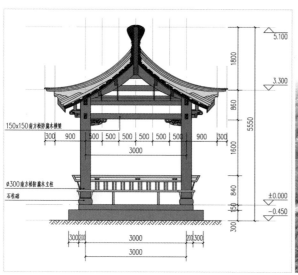

半丘亭与山顶小驿

不可或缺的一个环节。

修复矿坑，变荒山为金山

村庄南部现存一处因采矿、采石遗留下来的矿坑宕口，长期闲置弃用。设计团队针对山体破坏、岩壁裸露、植被稀疏等现象，设计突破单一的稳定型、景观型修复模式，注重创新发展功能植入，使宕口成为积极空间和特色旅游场所。通过引进民间资本，设计了游山、览水、品菜、修禅的乡村游览体验线路，为乡村旅游注入了新的活力。

矿坑宕口改造前后对比

串沟连塘，活化亮化水环境

治理村庄生活污水，探索农村污水处理新模式。围绕"水要活起来"这一目标，将全村范围内 31 条河塘全部进行清理、疏浚、沟通，清理淤泥 60030 立方米，整理驳岸 2200 余米，使水环境得到有效整治，彰显出自然纯朴的田园风光。

在水环境整治过程中，规划还根据实际情况，将治水与造景有机

滚水坝改造后

结合，建设中保留了河道中的大柳树和形成的孤岛，并在上水位处设计了一座宛若天成的自然式滚水坝，满足了调节水位、拦蓄泥沙等功能需求。建成后，经由石磨盘、碎石板等乡土材料制成的滚水坝与大柳树浑然一体、乡味更浓，如今已成为远近闻名的靓丽网红打卡点。

挖掘传承文化特色，实现汉回民族共融

陡门塘作为苏南地区唯一的回族聚居区，蕴藏着丰厚的民族文化及风情特色，设计师以民族文化为切入点，挖掘传承文化特色。

以传统特色建筑为载体，彰显乡村历史文化

百年汉族老宅的保护更新：村庄内存有一处近百年老宅，因年久无人居住而荒废，处于屋塌墙倒、梁折柱斜的状态，整体风貌破败不堪。项目组制定了抢救式修复保护方案，通过搜集大量原始资料，与村民多次讨论后，聘请当地工匠精心施工，保存利用原有大木作构架与部分木饰石雕，力争原真性，展现原建筑的风貌与意境。并积极对接武进区文广新局，以老宅为核心开设乡村美学馆，兼顾村民图书馆、村民议事中心、党建宣传基地等功能。修复后的老宅已成为一处深受儿童及老人喜爱的展示文化传统和开展创意活动的公共空间。

老宅改造剖面图

回族清真寺节点的改扩建：完善清真寺的配套设施和礼仪性的空间场所序列，并在周边铺设亭廊以供村民游览休憩。同时，架设步行桥连接规划扩建的篝火广场，形成村中最重要的大型公共活动空间，同时是村庄多条主题游线的交汇节点和回族文化展示与非遗马灯表演的场所。

汉回混合式游客中心的建设：村庄南入口最早的方案是以体现回族元素为主的一组构筑物，仅作为标识的存在。在村民意见交流会上，

改造后的清真寺

村口标识及游客中心设计方案和实景

有村民提出，村庄南入口近 0.0013km² (2 亩) 的空地如果只做一个构筑物太浪费了，也有村民说，想在村口找个地方摆摊卖果品。经多次交流讨论，项目组最终确定在此处新建一座游客服务中心，兼具入口标志、游客咨询、文化宣传、农产品销售等多重功能。最终建成的游客中心总建筑面积 350m²，建筑融合汉回的建筑风格特征，巧妙设置了半开放的灰空间，通过花饰加强了空间的光影变化，充分体现了民族共兴的美好喻义。建筑前的公共场地亦采用乡土手法，融入乡愁记忆，避免了尺度过大和硬化过度，达到功能、文化与景观兼备的效果。

挖掘非遗文化，再现乡俗盛景

项目建设过程中始终强调文化环境建设，尤其重视挖掘和保护当地特有的非遗文化和传统民俗——回民马灯。回民马灯形成于元朝大德年间，是一种以马灯为主，武术、滑稽为辅的民族舞蹈形式，表演场面宏大，极具观赏性，深受当地与周边村民的喜爱。设计师与村集体共同协作，运用文字、图片、音像、互联网等多种先进方法和技术，对回民马灯文化进行全面系统的记录、整理，对相关代表性实物予以妥善保存。在空间载体的落实方面，以紧邻清真寺的篝火广场为核心，规划了回民马灯的表演场所与巡演路径，并积极组织回民马灯赛事、马灯文化展览、表演技术交流会等活动，激发村民的学习参与热情，为回民马灯文化保护营造良好的社会氛围。

多管齐下，文旅助力，实现乡村产业共荣

设计师根据陡门塘独特的区位优势、山水相依的自然资源、千亩林果的农业特色和汉回相融的文化底蕴，充分挖掘乡村多元功能和价值，提出"以特色文化兴产业，以特色节肆促产业，以互联网电商平台拓市

场，以品牌增效益"的方针，采用一产三产联动发展的模式，助力乡村产业振兴。

品牌效应提升产业附加值

以品质创品牌，从"土特产"到"品牌货"，提升附加值，增强市场竞争力。积极推广提升"城西"牌梨、桃，"阳湖新月"牌茶叶的知名度，在此基础上，丰富茶叶、果蔬加工方式，提高农产品附加值。村委会牵头，采用"合作社＋农户"的合作模式，形成规模效应，抱团发展。以"互联网＋农产品"丰富特色茶果销售渠道，打开外部市场，进一步打响"城西"与"阳湖新月"品牌。

文化特色助力乡旅发展

围绕"清真文化、回民风俗"进行旅游活动策划，以"回乡、回游、回宿、回味、回道、回疗、回韵、回产"为主题项目，大力发展民族特色乡村游。努力放大区域辐射效应，不断提升知名度，吸引更多游客。并与嬉戏谷、孝道园等大景区形成互补、协同发展。2017年以来，陡门塘已建成14家各具特色的休闲观光型农家乐，开发了多条"农旅休闲"旅游线路。

主题		特色	项目
• 乡村风貌	回乡	"田园水乡、流连忘返"	梨、桃、葡萄采摘
• 水田相接	回游	"水绿相依、潺潺不绝"	水景项目、荷塘观光、荷塘诗社、荷塘婚庆
• 生活作息	回宿	"一日五拜、时间养身"	回民民宿、清真建筑观光
• 饮食习惯	回味	"佳美洁净、节制适度"	清真美食区、农家乐
• 心理养生	回道	"放下包袱，轻装前行"	茶园观光、茶叶采摘、八宝茶品鉴
• 回式医养	回疗	"东西合璧、药食同疗"	回式医养文化科普、体验
• 斋戒民俗	回韵	"清心寡欲、欢乐交往"	斋戒民俗体验
• 特色物产	回产	"回产农品"	特色（梨、桃、葡萄）有机农产品销售

八"回"主题项目

与此同时，结合四季各异的乡土特色，创办丰富的节肆活动，在陡门塘开展踏青、赏花、品茗、采摘等特色主题活动，打好特色农旅牌。春天3月，陡门塘村联合雪堰镇政府举办雪堰桃花节；盛夏7月，联合常州市伊斯兰教协会举办清真美食节暨采摘节。丰富多彩的活动内容进一步突出了乡村旅游优势，提升品牌形象，带动农副产品销售，促进村民增收。

人才回流助力乡村添活力

随着陡门塘村特色田园乡村建设工作的不断推进，吸引了近20位

特色乡村旅游

高校毕业生和外出务工人员回乡创业，从事农产品电商、果品批发、休闲旅游等行业。大学生村官创业项目"雪堰至诚农业休闲观光服务部"，以挖山笋、小溪摸鱼、土灶做饭等定制化旅游线路为亮点，为乡村产业发展提供了新思路和新鲜血液。

结语

陡门塘的特色田园乡村试点建设工作坚持人与自然和谐共生，统筹山水林田湖村系统治理，激扬中华优秀传统乡村文化，并力图以绿色宜居引领乡村新发展，探索治理模式创新下的乡村振兴之路。

石头村的魅力重塑：
徐州倪园村

倪园村地处徐州吕梁山腹地，过去连条进村的路都没有，一下雨自行车都得扛着走，是远近闻名的贫困村。2012年，倪园村被铜山区定为传统古村落，通过修旧如旧的改造，既保留了石墙石院石板路的苏北传统民居特色，又增加了春秋古院、夫子客栈、钟楼戏台等传统文化元素。

2017年，倪园村被江苏省定为首批特色田园乡村试点，区镇村三级投资2000多万元，进行道路、管网、卫生室等公共设施改造，打造紫薇园、梯田花海等旅游项目，成为AAAA级悬水湖风景区核心区域，一年游客达40万人，被评为全国最美乡村。

《人民日报》2019年2月14日

蓝　峰　中衡设计集团股份有限公司技术总监
　　　　研究员级高级工程师

吕　彬　中衡设计集团股份有限公司
　　　　助理工程师

倪园村，位于江苏徐州市远郊的铜山伊庄镇西部吕梁境内，距离徐州市新城区约 25km。其隐身于山峦之中，古黄河之阳。倪园村原称悬水村，因悬水湖得其名，后因水库修建，几经变迁而至现今的位置。倪园东、北侧环山，东南望紫薇，西南倚湖水，西北邻华夏学宫、沐国学遗风，西侧伴民俗画家村，自然风景与人文环境兼备。

近年来，倪园村先后获得首届"江苏省最美乡村"和"江苏省最具魅力休闲乡村"、省级"三星级"康居示范村、住房和城乡建设部"美丽宜居村庄示范村"等称号。2017 年 8 月，入选江苏省特色田园乡村建设首批试点村庄名单。

自然环境、历史文脉、村落风貌、社会经济

倪园村属典型的低山丘陵地貌，北、东、南三面环山，西面向水。区域内气候温和，光照充足，降水量较为充沛，四季分明，大部分耕地为山地石头地，不平整，土壤耕作层较浅，耕作土壤为褐土，适合大部分农作物种植。

历史文脉

试点建设前的倪园村

保持村内的独特风貌

改造后的水边美景

"悬水三十仞，流沫四十里""逝者如斯夫，不舍昼夜"，孔子驻足吕梁洪，留下千古名句。故事耳熟能详，却鲜有人知其事件发生地，即在这青山环绕的吕梁境内，悬水村邻。沿其线索探寻，引出许多名儒留墨之故事，并寻访至川上书院遗址（明嘉靖十四年，1535 年）。川上书院、孔子观洪、庄子扬道、圣贤聚集，国学遗风是倪园难以分割的历史文脉。

倪园村所在的吕梁区域多奇石，天然造化雕琢，似有其灵性。天然石材，就地取之，在地营建：依山而建的村落、村房、院墙以石材筑造，道路也多以碎石铺筑，是自古以来典型的农耕文化传统村落的生成方式，成就了倪园村石墙、石院、石阶、石巷的独特山村风貌，故人称"石头村"。

倪园村在试点建设前依托周边山水资源、文化资源及旅游资源，初步发展了特色种植、传统农产品加工制作、旅游产品等产业，但是规模有限；新型农业经营主体规模经营比为 70%；大部分年轻人外出务工；本地村民就业创业主要类型为手工作坊、民宿、采摘等。倪园村在试点建设前，整体是成长型的村庄，但是也存在着经济增长不足、人口外流、产业发展有阻碍等问题。

经过试点建设的规划设计、建造整治后，倪园村的整体风貌有了大幅的改善提升。在保持彰显独特的苏北乡村风貌的基础上，进一步提升乡村的产业基础，为提高村民的生活品质和经济水平提供良好的环境支撑。

规划、设计和建设实施

规划设计总体思路

倪园村居于吕梁山之中，北、东、南三面环山，吕梁其名，参宋代王应麟《通鉴理通释》：云泗水至吕县，积石为梁，故号吕梁。倪园西南石蓬沟富吕梁石，经水蚀风化，成独有石材。故而村落以林木为邻，山石为憩，成就其"山村·林木·石墙"的典型风貌。

改造前倪园村的农房多是 20 世纪 70 年代后因水库修建迁村至此地时建造的。在 2013 年经过村庄环境整治改善提升后，村中的院墙或以白墙灰瓦，或以砖石堆叠，或二者相融，被以草木，得一方天地；院门或以柴门草篷，或以灰砖青瓦，闻犬吠、待归人。因此，倪园村的特色具有苏北山村的独特性和典型性，如何保护好风貌是设计团队首先考虑的问题。经反复讨论，设计团队确定了"微介入·风貌保护"的全局策略。

细部设计过程和效果

（1）微介入·风貌保护

倪园村的农房沿路依地有序而建。可以分为三大类：一是因修建年代关系主房主立面以瓷砖拼贴，与整体风貌非常不协调。二是特色石材建筑，但这部分特色石材建筑要分两种情况：第一种是建筑风貌条件较好，但面临结构倒塌风险，且阴暗潮湿甚至漏雨，不适宜村民居住；第二种是特色石材建筑质量较好，与村庄风貌协调但面临闲置废弃的屋舍。三是质量较好的白墙建筑，经过改造，适宜居住。

调研中还发现部分村庄的院墙墙皮脱落，村庄农户院门破旧，以及

"微介入·风貌保护"设计方案

试点建设前的农房风貌条件

部分窗户影响风貌。农房大多数面临使用空间不足、功能不完备、居住体验不善等问题。

1）"微介入"之一：修缮性改造与村庄风貌不协调的村房立面。倪园村房屋部分因修建年代关系主房主立面以瓷砖拼贴，与整体风貌非常不协调。根据实地调研，设计团队将 25 户以瓷砖为主立面的村房按照其位置和临近建筑风貌分为两类：一类因其与乡邻村房的建筑形式相同，依临近风貌瓷砖改造为白墙；另一类则因其位于村落主要道路、村口、特色风貌院落、特色景观、邻里空间临近，依整体风貌瓷砖改造为特色石材。

2）"微介入"之二：保护性加固与村庄风貌协调但面临倒塌风险的村房结构。倪园的部分特色石材建筑面临结构倒塌的风险，且阴暗潮湿甚至漏雨，不再适宜村民居住，设计团队依据其实际情况进行加固修缮。

3）"微介入"之三：提升性调整与村庄风貌协调但面临闲置废弃的村房功能。倪园的部分特色石材建筑已被改造为农家酒馆、农家作坊等，但已闲置，设计团队针对性地加以保护提升，拆除或优化与风貌不协调的基础设施与景观，置换使用功能为农产品加工作坊。

4）"微介入"之四：提升性改造、修补与调整村庄院墙、门、窗、景观构筑物。倪园建筑设施风貌良莠不齐，提出一些门窗、院墙、院门的设计方向，并提供一些乡村景观作为参考，引导村民自主改造，共同保护村庄风貌。

（2）繁衍生息的地方——生活提升

倪园，常住人口中老年人占大多数，其次是小孩子。日常生活几乎是倪园村民的全部，因此，提升村庄生活条件是根本问题。然而，倪园的土地大多被征用或者租用，村民主要从事服务于邻近景区的保洁、零售或管理等工作。基于每一户村房实际情况和村民需求的调研，设计团队归结出村民生活的几项主要问题：生活空间拥挤；缺少晾晒、贮存、饲养或种植的空间；生活功能不完备。

设计团队将这些问题最终回归到村房的图纸，研究思考，得出一些解答。倪园的村房主要有两类：主房一层＋配房一层＋院子，主房二层＋配房一层＋院子。其共同点是，院落式，并因功能缺失凌乱加建。设计团队在调研过程中为每户村房编号，村房完好并有人居住的共 111 户，设计归纳之后提供建筑空间的两种原型及其提升设计方案。重新设计主房，增加居住空间以适应村民居住，重新设计院落，增加晾晒、农用车贮藏、种植或饲养空间，并完整保持院落中央的庭院，适当增加与村庄风貌协调的庭院景观。

砖石建筑保护改造

乡村风貌改造方案和实景

农房改造提升策略效果示意

村房建筑提升并非一蹴而就的事情，也并非所有村民都愿意配合改造自己的村房。设计团队试图给予一些合理的设计提升方向，引导村民自主地改变居住条件，而非强行设计营造，违背村落自生繁衍的初衷。

（3）集体记忆的唤醒——空间梳理

"昼出耕田夜绩麻，村庄儿女各当家。童孙未解供耕织，也傍桑阴学种瓜。"集体生活是传统村落的生息方式。虽并非所有的村落都是以宗族的形式存在，但或多或少都是以集体的方式繁衍生息。集体空间的重要性如同祠堂之于宗族的意义。集体之下便是邻里。村庄与城市不同，其邻里关系更密切，生活劳作，关照内心，邻里是生活的组成。柴米油盐，春去秋来，老人闲坐树下，孩童嬉戏奔跑，是村落的集体记忆。倪园也不例外。

从现状看，倪园的公共空间整体脉络不清晰，公共空间或闲置或废弃，空间形象城市化严重。邻里空间与集体空间或占用或缺失。

首先，设置邻里空间。邻里空间在村落内部呈散点式分布，服务于不同区域的邻里，并以可以闭合的步行路线串联，提高其可达性。其次，在村口空地设计建造议事堂，设置集体空间。议事堂与集体空间用于村民集体活动，共同服务于村民生活及村庄生息。

议事堂作为整个村庄唯一新建的建筑，紧扣"微介入"的设计策略。设计团队试图最小限度地新建，并在新建中充分展示村庄风貌。议事堂是微小的简洁的矩形体量，约容纳百人的室内集体活动，并兼有空间作为村史馆使用。议事堂建筑材料与倪园原有的石墙石院所用石材相同，就地取材，在地设计与建造。在选型上设计团队尽力保持这种纯粹的原初性，同时在风貌上努力做到与村落协调，尽可能地使议事堂既能够充分展示村落风貌，又能够成为村落标志。

议事堂外设置邻里市集。倪园因其村落的农产品、手工艺等交易需求仍小范围保留着市集的经济方式，市集交易一般发生在田园风光最好的时候，往来者众多，城市的、乡邻的，熙熙攘攘，热闹非常。我们惊喜于这种传统空间所营造的情感，原生的存在于陌生人之间的亲密与热烈。于是，设计团队试图通过市集重新还原这种特殊的空间，市集发生在村口，提供村民的种种交易，服务于邻里，服务于往来不期而遇的客人。

议事堂效果示意　　　　　　　　倪园市集效果示意

（4）落英缤纷的桃源——环境改善

"茅檐长扫净无苔，花木成畦手自栽。"倪园以山、水、花卉、林木、果园环绕，自有"江苏最美山村"之称。环倪园而行，发现倪园村口与街巷部分空间景观疏落，或是杂草丛生，或是荒芜寂寥。村落西侧的水溪干涸荒凉、驳岸生硬。与村民沟通以后，设计团队希望重新设计这些荒落的景观，针对不同空间区域位置，提出环境整治的方向，延续历史、凝聚人文、浓缩田野、呼应山林、趣画邻里、生态水岸。

"延续历史"主要面向倪园中心区域已有的国学文化广场。将现在广场改造成为"讲学场"，保留了孔子讲学的雕塑意向，减少硬质铺垫，形成方圆对应的空间布局，提供村民休憩活动的场所，增加乡村景观。

"凝聚人文"主要面向村落西北的荒落空间，将其设计成为"相思苑"，植入浓厚乡村特色的人文元素，如茅草屋、木栅栏、石磨台等，并设置体验式活动场景，如"推铁环""抽陀螺"等。

"田间记忆"主要面向村庄内部、道路两侧的零乱空间，设计以竹篱笆替代原有生硬的围挡，以碎石替代部分大面积硬质铺地，以田间活动的画报或老照片来粉饰苍白的墙面，希望能够在唤起村民乡间回忆、体现乡村特色的同时真实地为村民提供可以种植的菜园。

"绿野映像"主要面向村落东北的闲置空间，设计团队将其设计为"乡影园"，延续山的形象，与山相融，突出山村形象。充分利用场地高差设置层叠式的园路与观影座椅，作为乡村露天电影的空间。

"趣画邻里"主要面向村庄内已闲置的公共空间，还其邻里之本意，作为邻里的活动场所，铺以嵌草碎拼石板，置石桌凳，植以绿树遮阴，力求淳朴自然。

"生态水岸"主要考虑苏北地区少雨，水溪难以自然蓄水，建议将人工硬化的水溪及其驳岸改造成生态自然的旱溪，并合理搭配山石。

（5）春华秋实的经营——产业调整

产业特色不聚焦、资源不平衡、主体缺失、产业基础配套不完善、发展不可持续等是倪园面临的主要产业矛盾。基于中国农业规划院的产业问题研判与整体策划，设计团队主要针对倪园产业配合做出村房的空

间与使用功能的设计调整。根据策划，倪园主导产业定位农产品加工，同时配合以田园康养为支撑。

村落原有几处村民利用自己村房经营的农家乐、香油作坊、手工艺作坊等，仍在使用，建议修缮维护，鼓励村民继续经营。几处已经过产权调整，作为农家乐的院落，部分已闲置许久，配合村庄整体产业规划，设计团队将已被租用的闲置院落改造成为农产品加工坊，引导村民自主经营管理，对外提供农产品加工体验、展示和销售，增加农民收入的同时，推动农产品加工产业与村落融合。村落现有部分村房依村民意愿作为农家客栈等自主经营。根据需要提供了一组农家客栈的设计方案作为改造的方向，引导村民根据自身经济条件酌情改造调整。客栈改造设计主要为配合田园康养产业发展，并能够切实为村民增加收入，客栈样板希望能够给村民建筑风貌保护以意识引导和品质引导，避免因盲目改造而破坏风貌。

实施过程及动态优化调整

在改造实施过程初期，镇村两级、设计、村民在村庄面貌上均形成统一意识，即要把倪园村打造成典型苏北乡村民居风貌的特色田园风光。在此基础意识上，大多数村民在配合设计微介入的基础上，自觉维护乡土风格，从而保持住整体的村庄风貌。同时，在实施过程中充分与村里、村民积极互动，听取村民意见，对原方案进行局部优化，使设计更契合村民意愿，符合村庄发展要求。

（1）就地取材

倪园村原为小山村，石料丰富，遗留下许多石磨、石碾、石槽、石臼等，在村庄游园、广场、道路等处，合理摆放了上述物品，作为景观或桌凳，供欣赏和休息；同时老牛车、独轮车、粮仓、老灶台随处可见，老水

农产品加工坊改造

乡土风貌

井保留完好；村内石板路、石院墙均为本地石材；路牙石、水驳岸使用本地炮弹石，栅栏为本地的竹木材。这既节省了成本，又延续了集体记忆，凸显典型苏北村庄特色。

对其当地的特色石材建筑，设计团队找到当地特有的石山文化中的浅黄色纹石，并和当地的工匠师傅以当地的风格方式进行修复和修缮。

村内绿化利用特色种植的优势，树种充分选用本地易生易长的银杏、紫薇、乌桕、柿子树、石榴树、枇杷树、桃树等乡土树种，村道路两侧种植了桂花、串串红、女贞、红榉等花草树木。

（2）因地制宜

在改造建设的过程中，发现当地树种过花期后无花可看。为填补此空白，吸引更多游客前来吕梁倪园游玩赏花，带动当地经济发展，结合网红经济发展的特点，在村庄东北角的荒山进行了土地复垦，重新规划了梯田花海，聘用本村石匠参与梯田花海挡土墙建设，为整个倪园的景观增色不少。

在实施过程中，有村民希望过河能增加便道，以节省日常农作的徒步时间。于是及时调整原设计，结合日常安全防护，增加了原木形态的木栈道，在不打破乡村风貌的前提下满足村民的日常需求。

（3）村民参与

在进行施工前，村民献策献力，积极参与到实际改造过程中。有石匠手艺的张老伯自己动手参与了自家门前的石砌花坛和挡墙的摆布。

（4）农房改造

在方案交流时，村民对农房的微介入式改造均表示支持。但是在具体实施时，因为资金投入、产权界限等原因，村里决定对农房部分的改造侧重在村庄风貌的营造上，同时将原设计方案提供给有意愿改造自家农房的村民，在控制整体风貌的基础上由村民自行选择改造自家农房的时间和方式。对于部分闲置的特色石材建筑，可将其改造成为农产品加工坊，这些工坊兼具生产性、生活性和文化展示。

（5）产业发展升级

倪园村耕地基本被征用和流转完毕，劳动力均从土地上释放出来，依托风景区建设、特色种植业，从事保洁、景区管理、特色农产品销售、园区务工等。

在改造升级过程中，镇村两级顺势将村里的产业做了相应提升。依托倪园村周边山水资源、文化资源及旅游资源，壮大特色种植园——紫薇园的特色规模；利用紫薇园基地，打造山谷漂流生态集聚区，同时对村民进行树木栽植、管理等方面的培训，方便其到园区就业；依靠传统文化的优势，发展传统服装的制作、古琴制作、香油制作以及特色文化旅游产品（奇石、泥塑、面塑、剪纸等）经营等产业，结合旅游资源及传统手艺推出"尹家香油""倪家香油"；引进外地文化营销团

改造后的乡村风貌

队，打造精品民宿"素宅"，进一步提升村庄游的整体品质；依托雨生百谷文化传播有限公司，对本村妇女进行传统手工业培训，制作手链、盘扣、传统服装等。

实践的成效及延伸思考

特色田园乡村建设试点启动后，当地镇村两级依托设计规划方案，按照省特色田园乡村建设标准，结合倪园村整体设计特色和自身优势特点，精心编排、积极实施发展各种特色项目，使村庄发生了各种显著的变化。

重新整合了周边山水资源、文化资源及旅游资源，重点打造特色种植业，形成了例如紫薇园这种在当地有一定影响力的特色园区；发展传统服装制作、古琴制作、香油制作、旅游产品经营等产业；新型农业经营主体规模经营比为100%。

村级集体经济依托旅游开发，收入增长至约260万元/年，增长了1040%；农民人均收入也相应增长至约24000元/年，增长了24.53%。

村庄旅游人次增长至约360000人/年，增长了7.2倍；房屋租金增长至约6万元/年，增长了3倍；全村旅游收入增长至约80万元/年，增长了8倍。

试点建设工作完成后，村庄整体面貌得到了明显提升，吸引了本村村民、各类人才返乡、下乡创业，主要类型涉及餐饮、采摘、农家乐、手工作坊等。截至2020年12月，倪园村返乡创业的人数增加到26人，返乡就业的人数增加到70人，人均收入增加到6万元/年，典型代表人员的收入也从返乡前3万元/年增长至12万元/年。返乡创业大学生、科技能人、合作组织带头人等各类下乡创业人才增加至20人。同时，根据乡村经济发展需要，组织了不少于5次/年的新型职业农民培训，内容包括传统手工业培训、新型农民科技培训、移木管理等培训，用于提高村民自身的专业水平。

特色田园乡村建设改造是一项复杂的系统工程，如何在特色田园乡村建设中挖掘和利用其特有的优势资源、塑造乡村特色、避免出现"千村一面"、提高村民的收入等，都是特色田园乡村设计与建设改造中应该着重考虑的问题。这其中离不开镇村、设计单位、村民以及其他各方相关人士的共同努力。

1）发挥村"两委"作用。根据倪园村的管理经验，充分利用党建工作的传统优势，建立村级文明实践站，村支部书记担任实践站站长，设立了相对固定的专职管理员；整合各种文化场所形成文明实践阵地，盘活用好各级各类资源，通过"讲、评、帮、乐、庆"活动，不断探索形成长效机制，更好地满足人民群众日益增长的精神文化需求。

2）尊重乡村实际。乡村与城市不同，乡村独有的风貌、原生的记忆、质朴的生活是乡村的难能可贵之处，如何还乡村于乡村是面对乡村问题时需要思考的重点问题。在乡村设计之中，应兼顾乡村独有气质的同时着重考虑村民的情感与需要、村民希望生活的环境，而不以简单的理想化地打着保护乡村的名号而最终失去了本应在这里繁衍的人们。

倪园村是苏北成长型特色田园乡村建设的典型案例。设计团队在倪园的村庄提升策略中主要考虑以"微介入"的方式处理整体风貌的协调与村民生活的改善，同时提供设计陪伴服务，为乡村的环境建设及复兴提供专业艺术和技术服务。通过对倪园村的规划设计、农房的保护修缮、文化的保护和传承、自然肌理的保护和重视，对传统村庄的公共空间脉络重新塑造等方面的实践与分析，希望能为类似村庄的建设改造提供一点有益的借鉴。

3）尊重村民意愿。村民是乡村复兴的最直接的建设者和受益者，通过物质文明和精神文明两方面的建设，使他们真正能在这片生养自己的土地上踏踏实实地辛勤劳动，并得到属于自己的幸福生活，才能共同缔造出属于这个乡村自己的历史和文化，实现属于自己的乡村复兴。

共享乡村实践：
淮安黄庄

金湖县塔集镇黄庄村西临淮河入口、南向荷花荡，春有花夏有荫，秋有果冬有青。村子里，大小院落整洁，栽种着各类花草，门口的水井、二八大杠自行车等老物件散发出浓郁的乡土气息。作为"省级特色田园乡村"，黄庄村以"水乡风光＋农耕体验、绿色生态＋地理标识、尧乡文化＋佛教禅修"的乡村特色，成为淮安市农房改善项目中的一颗"明星"。

《新华日报》2020 年 10 月 21 日

尤 伟　南京大学建筑与城市规划学院　　丁沃沃　江苏省设计大师
　　　　副研究员　　　　　　　　　　　　　　　南京大学建筑与城市规划学院教授

黄庄概况

黄庄位于淮安市金湖县塔集镇高桥村中部，西濒淮河入江水道，东临荷花荡旅游公路，金闵公路穿村而过，交通十分便利。黄庄南北长1000m，东西宽约800m，总面积0.8km²（1200亩），是一个典型的苏中里下河地区特色的带状村庄。

黄庄的农业产业在里下河地区具有一定的代表性，以稻米、油桃、西瓜、藕、蟹、虾的种植养殖为主，并实现了油桃西瓜套种、水稻小麦轮种、虾蟹混养、藕虾套养等高效耕作养殖方式。通过土地流转，黄庄已基本形成了规模化农业。规模化经营的农业提高了生产效率，同时使得农村剩余劳动力大量流向城市。改造前黄庄总户数168户，人口为757人，其中常住人口为230人，仅占总数的30.3%，另有41户常年无人在家居住。从年龄结构来看，常住人口中60岁以上老人占村民人数的67%。村民的收入普遍偏低，大多数居民年收入在1万元以下。

黄庄的基础设施总体齐备，但就环境品质而言，还需要做进一步的提升。存在的问题主要包括：河道水质浑浊，道路狭窄、泥泞，村民还在使用旱厕，卫生条件不佳等。但与其他村庄相比，黄庄具有一些地理位置上的优势。首先，黄庄处于通往荷花荡景区的必经之处，是构建旅游驿站的最佳之地；其次，村北即将完工的尧乡宝塔景区将为黄庄休闲内涵扩容；最后，紧邻黄庄西侧的淮河入江水道提供了天然的景区风光。此外，黄庄还拥有一些非物质文化遗产，如手工制香、手工挂面、麻油等，具有较强的发展潜力。

水体　　　　　　　　　　旱厕

试点建设前的黄庄村

2017年6月，江苏省特色田园乡村建设试点正式启动。在县镇政府和南京大学建筑与城市规划学院设计团队的共同努力下，黄庄于2017年8月入选江苏省特色田园乡村首批试点，并于2018年1月立项建设。经过三年多的建筑、环境改造提升，黄庄面貌焕然一新。项目以"黄村、驿站、庄台、客厅"为核心内容，以"打造乡村资源共享的新农村生活模式"为着眼点，通过培育特色产业，增加在地性产业消费，使农民收入显著提高；通过改造利用空关房，改善生态环境品质，使乡村设施趋于完善；通过发掘文化遗产，加强宣传展示，进一步彰显当地文化特色。2020 年，黄庄项目实现 20% 的民宿入住率，年接待游客总数达到 30000 人。

规划设计思路

现有乡建改造项目总体可归纳为两类，一类是由政府主导推动，以及社会资本介入，聘请专业设计人员进行的自上而下的设计更新，比如精品民宿酒店等；另一类是在旅游商业驱动下由村民自发的自下而上的自建房改造。前者改造过程需要专业的设计人员策划，以及大量的资金投入，在示范推广上存在一定的局限。后者则由于缺乏专业的设计指导，空间改造较难满足居民的生活品位需求。黄庄的规划建设试图在二者之间探索出一种全新的乡村振兴改造模式，通过利用当地特色不够鲜明的村庄、产业、文化资源打造出富有乡土特色的乡村生活文化体验样

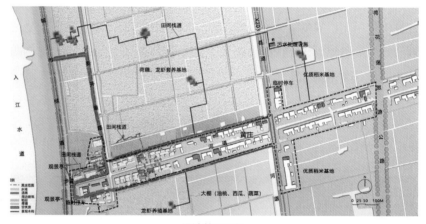

设计总平面图

乡村景观空间改善

板，并以此带动村民的自主更新。

通过对黄庄的产业条件、人口设施现状以及旅游文化资源的调研分析，设计团队梳理出黄庄主要存在四方面的问题：农业产业有待升级、产业类型亟待多样化、空置房有待合理利用、环村水系有待治理。针对这四方面问题，设计者从大、中、小三个尺度提出了相应的设计策略。大尺度通过产业规划、交通规划、景观规划构建特色产业；中尺度通过景区项目规划、游览路线规划、景观设计形成景观特色；小尺度通过建筑更新和公共空间设计凸显文化特色。

项目实施策略

项目实施方案提出以点带面的设计思路，即以示范工程的示范性促发村民的积极性，最终实现乡村面貌的根本转变。为此，在具体的实施方案中，设计团队选择具有代表性的设计内容进行示范建造，具体包括村口的机动车道、田间栈道、亭廊、空关房、水体、院落、广场等各个层面，为当地村民的自主改造提供范式。

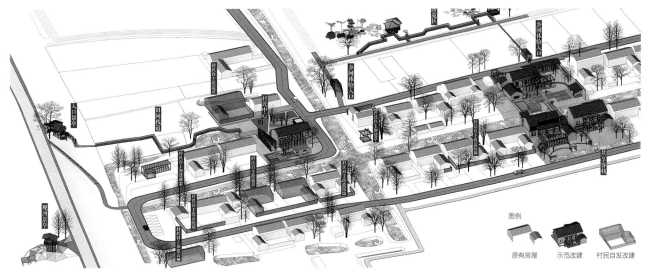

村庄示范工程内容设计构思

条形村庄的空间品质提升

对于条形村庄空间品质的提升是本项目设计的一个难点。为此，设计团队与当地政府商议，精心挑选了四栋空关房作为样板进行功能和空间的改造。其中一幢位于村口附近，用于公共性的功能空间营造，构建游客接待以及非物质文化遗产体验区。另外三栋构成一组，位于村庄中部，河道两侧，用于居住功能空间的营造。通过空间组合将分隔南北侧

空关房改造

建筑的河道变为内河景观，并架设木桥，增加了南北侧建筑的联系。

对于空关房的改造，设计团队从草图到模型反复推敲，并进行建筑和环境的一体化设计。空关房的利用考虑了多种可能性，包括简单修复出新、增加夹层以及加层，可以分别满足不同家庭人员组成的居住以及青年旅社的运营需求。此外，所有改造房屋保留堂屋等传统文化功能空间，建成后的房屋平时共享给村民进行自主经营，过年的时候依然作为自有住房供村民返乡居住，充分体现共享乡村的设计理念。

空关房利用改造设计

在环境治理方面，通过综合采用理水、改厕、整院、连廊四种空间处理手法，使环境空间品质得到显著提高。"理水"，将黄庄 1000m 长的河道进行清淤，并种植当地的荷藕，河道两边的驳岸也使用木桩等透水材料进行加固，河流水质有了大幅改善；"改厕"，提高了生活品质，使其更适应于返乡人员以及游客的生活需求；"整院"，通过院落环境整

乡村院落、连廊改造前后对比

治，增加广场道路铺装，设置休闲空间，有效提高公共空间的环境质量；"连廊"，通过廊道的设计，将厨房等辅助空间与主房间进行了有效的联通，丰富了空间的层次。

除了空间节点打造，在政府的推动和当地村民的参与下，村庄设施配套进一步得到完善。黄庄庄台道路拓宽至5.5m，新修金湖绿道与村庄连接道路，主干道路配有路灯共计300多盏，并在农户房前屋后建设100多个小型停车位。在村庄配备了完善的垃圾收运设施，包括一个小型垃圾转运站，200多个垃圾桶，并由村专人负责垃圾清运，镇专人负责村庄环境督查工作。新建一座日处理20t的小型污水处理设施，铺设管网4020m，村内90多座旱厕已全部拆除改为室内卫生间，同时新建有一座AA级、一座A级公厕。庄台有完善的排水系统，人行道采用透水沥青；电力电信有线电视杆线依照统一规划已全部入地；自来水入户率100%。

复合式的产业基地构建

黄庄农产品可以即得即食，具有极强的在地性消费特征，为打造具有特色的乡村休闲型消费奠定了基础。因此，该地区农业产业的特色升级一方面需要打造当地农产品品牌，另一方面可以通过增加农业附加值，将单一的生产基地转变成以生产基地为主、消费场所为辅的复合式

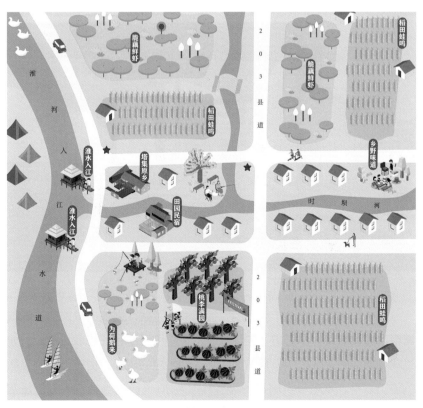

村庄导游图

黄庄宣传 APP

产业基地。在政府的推动下，黄庄通过流转 0.84km^2（1260 亩）土地发展高效设施农业，形成有潜力、可持续发展的果蔬采摘、休闲垂钓、优质稻米基地。设计团队通过设计入口标识、田间景观步道系统、宣传网页、农产品包装及导览图，构建多层次的黄庄农业产业体验平台。

易于推广的乡村建造方式

为保证示范工程的推广性，设计团队始终坚持采用低技、乡土的建造方式。建筑改造采用当地常见的砖墙围护结构砌筑方式和瓦屋面结构做法，并通过增加墙内保温砂浆和屋顶保温板，改善房间的热工性能。木廊架的做法也为木结构最为简单的榫卯交接方式。地面铺装采用青砖或红砖铺砌，并结合蝴蝶瓦做收边处理，既方便施工，又可以取得较好的视觉效果。材料的选择也尽量就地取材，砖、木均为当地常用材料。

乡土的建造方式

此外，本项目招募了当地的工人组成施工队，完成房屋修建、围墙篱笆、场院铺装、步行道、田间景观构筑物和栈道栏杆等项目建设，通过现场指导施工队按照设计的要求，达到相应的质量，提升当地施工队的施工水平。本项目实施共招募当地工人 70 人，为当地工人施工技艺的培养打下了良好的基础。

建造过程

设计师全过程陪伴式规划设计实施

乡建的实施建造涉及的问题较为复杂，需要设计团队能够全程参与指导。为此，设计单位与施工图绘制单位、施工单位建立了一套较为高效的交流沟通机制，以及时发现项目实施中出现的各种问题，控制工程质量。首先，施工图绘制单位专门派遣了工程师驻场监督工程的进展，设计团队也经常赴工地协调问题、指导施工。项目采取 EPC 模式，采用跟踪审计模式，由监理监督项目推进，镇里有专人每天了解项目进度，县督查办定期督查项目进度，确保项目保质保量完成。

村民参与式互动设计施工

在乡间的实施过程中与施工队密切配合，及时发现并共同探讨解决方案。比如在民宿室外环境的改造工程中，设计团队保留了院落里一棵较大的银杏树，但在实施过程中发现树的根基比设想的要浅很多，如根据原有设计标高施工，这棵树会发生倾倒。施工单位发现问题后及时反馈，大家共同商讨调整设计方案。经过协商，将设计标高根据树木所在

建筑师全程设计施工指导

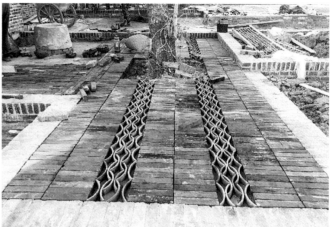

村民参与的地面铺装设计

地面标高进行了设计调整，并重新进行了地面铺装形式的设计。最终树木被成功保留下来，现场也保持了较好的空间效果。

在实施过程中还需要积极调动村民参与设计建造，使工程更具乡土性。对于一些设计，设计单位主要控制一些基本原则，比如材料的选取原则，墙体、地面分隔的收边处理等，对于一些细节则充分调动施工队的能动性，由他们自主建设。随着长时间的设计配合，施工队也逐渐了解到设计者的关注内容，并能够自主地、有意识地参与进行一些细节处理，这种合作模式既控制了工程质量，也由于当地人员的主动参与使得设计更具有浓郁的乡土气息，施工人员自主的地面铺装设计、道路的收边处理、卵石的花纹填充都体现了当地农民的智慧。

成效与启示

成效

经过三年多的特色田园项目建设，黄庄在产业、环境、乡村建设方面均取得显著成效。在农业产业方面，黄庄在地消费型产业明显提升，油桃的亩均收益从之前的5000元提高至8000～9000元。在示范项目的带动下，当地村民已开始参照示范工程做法自发地改善院落环境，体现了良好的示范性作用。经过乡村特色项目的实施，当地民风建设也得到进一步提高，村委会通过积极开展各项文化教育活动，党群议事会、美丽家园评比、卫生院义诊、科普教育宣传、老年人运动会、亲子教育等活动，使村民归属感和获得感获得明显提升，也切实感受到黄庄建设所带来的生活质量的提高，项目建设得到村民的一致好评。2019年9月，该项目受邀参加在巴西圣保罗举办的第十二届国际建筑双年展

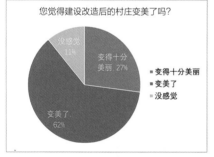

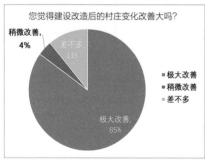

村庄环境满意度调查

（12th BIA），以"田间客厅"为主题，用影视的方式向全世界讲述中国乡村振兴的故事。本次双年展作品来自世界各地的优秀团队，包括荷兰代尔夫特理工大学（TU Delft）、瑞士苏黎世高工（ETH Zurich）、英国AA建筑学院等国际著名建筑院校，丁沃沃教授团队代表南京大学参展，是中国大陆唯一的参展团队。

短片"田间客厅"展览现场

启示

对于乡村示范项目的建设，首先，需要设计师的全程陪伴指导以及政府和村民的积极参与，需要充分调动村民的积极性和建造智慧，以实现具有乡土特色的乡村建筑；其次，设计方案要尽量采用当地做法，具有易操作性，使示范工程真正具有可示范性，而不是建筑师个人爱好的设计作品；最后，尤其重要的是政府的带动和协调作用。从黄庄备选到完成项目建设整个过程，高桥村两委一直扮演重要的角色：设计规划方案制定过程中，带领村民与设计师进行沟通；项目筹备阶段积极开展宣传工作，让村民了解建设的内容和意义；破旧房屋与旱厕拆除工作中与镇工作人员做好拆迁工作；建设期间做好施工单位与村民间的沟通协调。

对于项目如何良性运营一直是设计单位和当地政府不断探索的一个问题。为了能让当地村民从项目中持续获益，实现富民的目的，项目主持丁沃沃教授提出了一种由当地乡贤组织村民的运营模式，并多次邀请国内外的专家进行了讨论。目前，在镇政府的大力推广和组织下已成立了由当地村民组成的运营团队，持续推动乡村的发展运营工作。

边远村庄的绿色转型：
连云港西棘荡

江苏省连云港市赣榆区西棘荡村位于苏鲁交界处，是江苏省最北端的一个村。村庄占地1.9平方公里，村民698户，2498人。党委下设4个党支部，党员126名。西棘荡村党委在引领强村富民的具体实践中，探索出了"三引三带"工作法，把一个曾经一穷二白的弱村、乱村，打造成为苏鲁交界的小康村、样板村，走出了一条通向乡村振兴的"西棘荡之路"。

学习强国·江苏学习平台 2019 年 12 月 31 日

闻 海 江苏省城镇与乡村规划设计院有限公司副总经理
研究员级高级城乡规划师

在江苏最北端、苏鲁两省交界处有这样一个村庄，每年将全国80%的废旧渔网加工成尼龙颗粒，产品远销至欧洲，是目前全国最大的尼龙颗粒加工基地，它就是连云港市赣榆区柘汪镇西棘荡村。2019年，西棘荡村工业总产值9.3亿元，全村经营性收入达1000余万元，农民人均可支配收入5万元，全村70%的村民从事尼龙颗粒加工产业的同时，还吸纳了周边村1600余人到西棘荡创业就业。西棘荡从最早在全镇排名垫底，逐步发展成为人人欣羡的乡村振兴"样板村"，先后被评为"全国文明村""全国生态文化村""国家森林乡村全省先进基层党组织""省级文明村""省级民主管理示范村""江苏省最美乡村"。

过去的西棘荡

20多年前的西棘荡是出了名的"穷村""乱村"。由于地处偏远，交通闭塞，到镇区需要45分钟，村里缺乏资源，600多户村民只能靠天吃饭，生产任务完不成，公粮交不上，社会治安也不好，村集体负债近20万元，村民年人均收入只有七八百元，村庄满眼泥泞路、遍地土坯房、穷得叮当响，被称作"胳肢窝"落后村。

1998年，在村书记的带领下，西棘荡村找到了自己的主导产业——利用废旧渔网资源发展尼龙颗粒加工，并于1999年底吸引了浙江客商前来投资，建设了西棘荡村尼龙颗粒加工厂。投产当年上缴的税收即达到40余万元，大大激发了村民们的创业热情。没过几年，村里先后成立了140多家尼龙颗粒加工厂，西棘荡村成了远近闻名的尼龙

村庄原貌

颗粒加工专业村，也吸引了山东的村民前来打工。然而，全村因企业规模小、产品品质杂乱、价格无序、环保不达标等问题，随着国家对生态环境保护的要求越来越高，发展陷入困境，同时出于对未来可持续发展的考虑，村"两委"下决心先后关停了40多家"不环保，风险大，隐患多，竞争力弱"的作坊式加工工厂，转产了10多家企业。2017年省里提出特色田园乡村建设目标任务，西棘荡人对标对表，积极开拓，又走出了一条新时代的转型发展之路。

小产业走向大市场

建设工业集中区，提升产业的规模效应

农民创业园

污水处理设施

在关停了散乱污的小企业后，2017年村"两委"引导村民转变观念，通过"党支部＋公司＋农户"的运营模式，开始建设相对集中的新型农民创业园，引导尼龙颗粒加工产业逐步规模化发展。村集体统一新建了标准厂房、道路、污水处理厂等基础设施，逐步将村内各类企业引入园区。通过企业相对集中入园形成规模化发展，有效降低了企业的运营成本，提高了整个产业在市场中的竞争力，也同步解决了环境保护的问题。至2019年底，农民创业园目前已吸纳原颗粒加工户100余户，总占地200亩，年产值达1.2亿元。

延伸产业链条，提升产品的附加值

2019年，在尼龙颗粒加工产业基础上，村集体领办建成了西棘荡村废旧渔网循环经济产业项目，成为全国唯一具有环保资质的同类型企业，西棘荡村产业发展迈入低碳环保的新时代。与此同时，园区引入宏海塑业等深加工项目，生产的再生塑料制品直接销往环保要求严苛的欧洲市场，进一步延伸了产业链条，提高了产品的附加值，获得广泛好评。至此，西棘荡的工业产品完成了从"不知名且低效"向"具有市场竞争力且高效"发展的蜕变。

生产流水线

园区企业

小村庄服务大片区

建设更高品质的公共服务设施

　　特色产业兴起了，集体经济也做强了，西棘荡人意识到产业发展的同时，还要有更高品质的公共服务，才能获得进一步可持续的发展空间。2017年以来，西棘荡村在进一步完善道路、下水道、垃圾分类设施等原有设施配套之后，又先后投入了2000多万元，陆续建设了党群服务中心、居家养老服务中心、妇女儿童之家、村民活动中心、村史馆、党史馆、粒动青创空间、村民休闲广场、乡村大舞台等设施，给村民带来了更为丰富的精神文明生活享受。村卫生服务室、与东棘荡村共建的小学不仅满足了本村的需求，同时辐射周边地区，成为周边区域中的优质公共服务资源。

党群服务中心

妇女儿童之家

村民活动中心

建设青年创业孵化基地，提供创业指导服务

为吸引更多的外出务工人员返村创业，西棘荡村在党群服务中心设立了"粒动·青创"空间特色功能室，为创业青年提供办公场所、青商培训、联系小额贷款、工商注册、法律咨询等服务。让党员创业能手、致富能人当"讲师"、做"导师"，发挥大学生创新能力，以"互联网+"推动产业升级转型，为创业者提供政策咨询、创业指导等服务，引导产业工人向企业白领过渡，实现"创业一人、带动一片、致富一方"的辐射效应。

粒动青创

旧社区焕出新容颜

联合东棘荡村整体规划新社区布局

农民致富了，也陆陆续续开始有了改善住房条件的迫切需求。村里关注到，如果还按原来分散的居住模式各家各户自行更新改造，公共服务和基础设施配套不但投入大而且效果还不好。考虑到辐射带动相邻的东棘荡村，村"两委"召集村民讨论决定联合东棘荡村，在原有村庄的基础上，综合考虑生产生活的便利和环境品质，统一规划建设新型农村居住社区，形成"一核、三心、双轴、四片区"空间布局结构。

注重建筑风貌和景观环境特色塑造

新建农房设计注重与周边民居的协调，借鉴现有农房米色和红色搭配的风格，并结合外立面对空调机位进行统一设计，保证农房的建设品质。在保留建筑的改造整治中，重点对老旧或风格过于突兀的建筑进行改造，提升村庄建筑风貌的整体和谐性。

采取"点—线—面"相互串联的结构模式，从多方面综合提升村庄内外绿化景观环境。在村庄入口节点、村内街头绿地等设置多个景观形象，对主要道路沿线开展道路硬化、墙体美化、绿植立体化的"三化"工程，并且打造多个兼顾绿化景观和休闲活动的小游园，作为核心景观地段。

联排住宅　　　　　　　　　　　　村庄景观环境

土文化引领新风尚

传承发扬艰苦奋斗的西棘荡精神

艰苦奋斗是西棘荡人从贫穷到宽裕、从宽裕到幸福的发展历程中的不二法宝。结合特色田园乡村创建，村集体将村庄发展经历的坎坷、波折与成效进行了详细梳理，充分利用各类图片资料和老物件的陈列展览，向后来人描绘西棘荡人艰苦奋斗的精神面貌。

建设引领新风尚的乡村大舞台

农民群众腰包鼓起来了，文化生活也要热闹起来。村里建设了具有本地特色的乡村大舞台，不仅包含表演场地，在后台还规划了演员化妆间、休息室。村里专门成立腰鼓队，定期在大舞台展示地方特色腰鼓舞文化，并邀请专业艺术团进乡村，演当地戏、唱农家曲，丰富了农民群众的业余生活，也形成了当地一道靓丽的风景，成为其他村相继效仿的新风尚。

新时代文明空间载体

村史馆　　　　　　　　　　　　　　　乡村大舞台

能人带激发新动力

村庄荣誉

给村干部"立规矩""开小灶"

从担任村支书开始，钟佰均就提出了"不吃老百姓的饭，不收老百姓的礼，不在家里办公"的"三不"原则，梳理村干部工作清单，制定《党员行为规范20条》，规范三务公开，村庄大事小事都通过党员大会充分讨论、畅所欲言，在会上统一认识，在会下凝聚人心。

作为村"两委"班子的带头人，钟佰均多年来养成了收看新闻联播、研究发展政策的习惯，并且将这些最新政策理念推广给广大村干部，第一时间为村干部"开小灶"，村党委班子每周的理论课堂坚持了多年。也正是对党和国家"生态优先、绿色发展"理念的精准把握，才有了后来西棘荡村从"一时富"到"长久富"，从污染环境低质量发展到生态和谐高质量发展的转变。

宣传"三务公开"

为老百姓"做示范"

尽管发展尼龙颗粒加工前景好、效益高，但在产业发展前期，对于世代与土地打交道的西棘荡村民来说，却是个全新的行业，由于缺技术、少经验，村民担心亏本，没人敢"下水"。于是钟佰均决定自己带头拿出资金联系客商，带领村委一班人建起加工厂，将产业搞得红红火火。工厂初见成效后，他还将生产经验毫无保留地传授给大家，并且给没有启动资金的村民担保贷款。在他的带领下，先后有七户村民通过开办工厂成为村里的"先富一族"。

推广政策精神　　　　　　　　　富民增收

为困难户"结对子"

村"两委"将全村具有劳动能力的低收入户全部安排在创业园工作，目前全村 93 户低收入户已全部脱贫。对无劳动能力的低收入户建档立案，由村集体兜底，安排村干部、党员骨干、创业大户进行结对联系，近年来先后发放"爱心基金"10 万元、"教育扶贫基金"7 万元，让致富的成果惠及全体村民。

发放爱心基金

结语

经历粗放式的发展取得了一定的经济基础和实力后，西棘荡人没有就此停步，而是顺应新时代的发展新要求，瞄准特色田园乡村建设的新目标，无畏经历阵痛，果敢地走上了转型升级之路。如今再看西棘荡，道路宽敞、绿树成荫、环境宜人，农民人均纯收入超过 2.2 万元，获得的荣誉也越来越多，已成为苏鲁边界排得上号的工业经济强村、江苏省文明村、民主管理示范村、民主法治示范村，走出了创业富民、转型发展的乡村振兴"西棘荡"道路。

规划共谋　空间共建　村民共享：
泰州祁家庄

泰州泰兴黄桥镇祁家庄紧紧围绕"生态优、村庄美、产业特、农民富、集体强、乡风好"的总体目标，充分发挥基层党组织的战斗堡垒作用，以"党建+"的思路，坚持党员干部率先垂范，祁巷村把特色田园乡村、星级家庭创建作为培育和践行社会主义核心价值观的有效载体。

祁巷村通过召开动员大会、村民大会、党员大会等形式，鼓励和引导群众积极参与特色田园乡村创建和星级家庭评选，营造"人人知晓创建活动、家家争做创建模范"的良好氛围。至今，组织召开党员会、群众会20余场次，发放宣传材料2300多份、制作横幅20多条、印发倡议书3500多份，充分调动了广大干部群众参与创建活动的积极性，使得社会主义核心价值观内化于心，现代文明家风外化于行，着力打造留得住乡亲、乡情和乡愁的田园风光、田园生活，使特色田园乡村既有"颜值"，更有"气质"。

人民网 2018 年 4 月 1 日

童本勤 南京市规划设计研究院有限责任公司
总规划师

吴靖梅 南京市规划设计研究院有限责任公司
主任项目负责人

王媛媛 南京市规划设计研究院有限责任公司
主任项目负责人

祁家庄位于革命老区泰兴市黄桥镇东部，隶属祁巷行政村。村庄面积约 268hm^2，共有农户 826 户，人口 2626 人。

提到祁家庄，就必然会说到村庄的带头人"单腿书记"丁雪其。1996 年，祁巷村委会换届选举，丁雪其被众多村民推选为村委会主任。从此，丁雪其带领村民通过发展现代农业、猪鬃生产和乡村旅游等村集体经济，从一个负债 200 多万元的落后村，发展为苏中地区闻名的"明星村"。丁雪其也由村委会主任被推选为村党委书记、江苏省人大代表、全国农业劳动模范。

在特色田园乡村创建过程中，丁书记一如既往地发挥了"领头雁"的作用，充分调动村民参与特色田园乡村建设的积极性，集全村干群智慧，与设计团队互动，激发特色田园乡村规划设计灵感，既体现了祁巷人心往一处想、劲往一处拧、艰苦奋斗的拼搏精神，也探索了公众参与下的乡村振兴之路。

村里先后召开了 6 次村委会议、4 次部门会议、8 次规划设计项目汇报会和 3 次全体村民大会。采用每户发放征求意见书、网上村委会、微信群等形式，多管齐下，共征集意见 1500 多份，其中有价值的信息达到 1392 份，极大地激发了村民建设家园的热情，使专业的规划设计与村民的现实需求更加契合；使特色田园乡村建设过程成为规划共谋、空间共建、村民共享的村庄再发展过程；使这个田园基底一般、缺乏特色的村庄快速发展成为有活力、有文化的特色田园乡村，也成为美好环境与幸福生活共同缔造的鲜活实践典范。

多次召开会议征求各方意见

规划共谋

统一建设发展思路

针对村庄人多地少、村落集聚度高、产业发展粗放、缺少田园乡村意境等问题，在规划前期，设计团队分别与村领导班子、中心户长、村民代表、党员代表、乡贤能人等多次座谈，找出了 20 多个现存问题，经归纳总结为三大方面，在此基础上统一创建发展思路。

（1）从各自为政到三产融合，产村联动发展

祁家庄产业发展基础好，类型多，但香荷芋、小杂粮种植、猪鬃加工、小南湖乡村旅游等产业各自为政，自身也没有形成上下游产品。许多村民担心产业发展的可持续性不强，乡村旅游易遇到同质化竞争。因此，规划提出需利用现有基础，找准特色产业，强调三产融合，与村庄联动发展。

（2）从相互独立到空间整合，营造乡村意境

2010年建设的小南湖现为国家AAA级景区，每年接待游客25万人，拓展基地每年接待学生10万人次。但这些设施都与村庄相互独立，大部分游客及学生都不进村。许多村民反映这几年的建设都集中在景区，忽视了村庄内部的环境和配套建设。因此，规划提出营造田园乡村意境，加强配套设施，促进村庄与景区协同发展。

（3）从文化迷失到重现乡愁，体现地域特色

祁家庄在过去的建设中，村干部和不少村民已经认识到文化的重要性，但是不知如何找准抓手。因此，规划提出深入挖掘传统文化内涵，传承地方文脉、重现乡愁记忆。

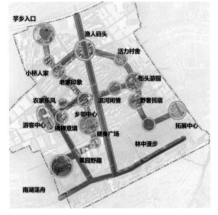

空间整合

从"一村一品"到"三大板块"产业协同发展

依据当地高沙土自然条件和香荷芋现状品牌基础，设计团队从"一村一品"的发展理想提出了"芋子园"的发展主题。在村民意见征询过程中，丁书记提出现状猪鬃加工已吸纳本村劳力300多人，是支柱产业之一；中心户长丁新生提出发展高效农业；村民代表丁正兵提出发展乡村旅游；乡贤能人丁其全提出办好泰州市中小学生培训拓展基地等意见。经反复讨论后，最终形成以"香荷芋品牌"建设为抓手，"高效农业、猪鬃加工、亲子旅游"三大产业板块协同发展策略。

延伸产业链，促进全民就业

（1）主打高效农业品牌

以"香荷芋"为特色，吸引了台资企业，开发香荷芋深加工产品。以高效农业为基础，成立了五个农业专业合作社，通过统一包装、统一品牌和统一销售，提高知名度和销售额。目前全村拥有农副产品销售专营店6家、电商28家，"祁巷牌""雪其牌""小南湖"等具有地域特色的农产品品牌已经在省内形成一定影响力。

（2）提升猪鬃加工技艺

产业布局

根据村民反映，现状各家分散加工猪鬃会产生气味和污水，影响村庄环境。规划在村庄南部集中布置猪鬃加工区和污水处理设施。重点提升猪鬃的加工技艺，延伸发展附加值高的猪鬃文玩刷子、猪鬃按摩梳等

高附加值产品。同时，在乡邻中心内设置猪鬃加工技艺展示场所，集体验制作、销售、纪念等功能于一体，扩大猪鬃产业影响力。

（3）拓展乡村亲子旅游

依托小南湖国家 AAA 级景区、泰州市唯一一家中小学生培训拓展基地和组织全国钓鱼比赛的基础，积极开拓农耕文化体验、公共安全实训以及人防教育等主题亲子旅游。规划在小南湖景区和各个亲子活动基地周围布置相应的服务设施和临时摊位集中点，在小南湖景区北侧引导开发民宿以及农家乐等项目，采用"村民入股、收益分红"的方式，带动了乡村服务业的发展。

实现产业与空间联动发展

（1）农业与景观联动

在讨论乡村景观设计过程中，不少村民自豪地说"我们的农作物就是最好的田园景观"。因此，设计团队通过和农委、村委共同谋划，优化一产布局，以产塑景，打造"春有油菜花、夏有香荷芋、秋有荞麦花、冬有雪里蕻"四季皆有风光的美丽田园景观，实现"农业＋景观"格局。在村庄内部，通过微田园的整理，利用瓜果蔬菜、自繁衍花美化农户庭院，形成有机融合的乡村田园景观。

（2）景区与村庄联动

在考虑小南湖景区和村庄联动发展时，有 70% 的村民反映现有的道路规划方案虽然没有拆迁、好实施，但离村庄相对较远，村民使用不方便，游客不进村活动和消费。设计团队通过和交通部门的多次沟通，最终选择村庄西侧现有的滨水路进行拓宽，既方便村民出行使用，又推进了村庄与景区的联动。

（3）闲置资源与三产发展联动

设计团队深入到村民家中调查意愿，找出闲置房屋资源 5 处和 40 多户家庭有意向办民宿及农家乐。为此，设计团队和村委共同策划提出 4 种发展模式供选择，分别为"村民直接投资、村民参股、租赁住房及集中养老"。目前，全村已有农家乐 22 家，民宿 15 家，有力推动了乡村旅游的发展。

乡村农旅品牌打造

空间共建

转土地，营田园

根据大多数村民希望流转土地的意愿，设计团队对一产布局进行了优化，推动土地综合整治。全村共流转土地 1.908km²（2862 亩），创建了"千亩香荷芋蔬菜种植基地"和"千亩花卉苗木基地"，开辟了约

村庄道路交通的优化

0.3km² (461亩) 小杂粮种植基地和约 0.13km² (200亩) 高效瓜果采摘基地。村民通过土地流转，每年可以得到每亩 800 元的土地流转费和 200 元左右的合作社分红，村民在土地上打工，每天可以获得 50 ~ 70 元的收入。

挖资源，连线路

在村民代表及乡贤能人的推荐下，设计团队寻找、挖掘了 8 处特色资源。针对不少村民反映村内南北之间联系不够方便的问题，为串联特色资源和空间节点，规划增加两条"纵向联系"的慢行绿道，改善了依水而居"横向单调"的空间形态，与现有滨河道路一起形成步移景异、且行且游的慢行文化线路网络。

特色资源的串联

街巷整治前后方案示意

塑节点，提形象

乡邻中心既是农民食堂和办红白喜事的大型场所，也是小南湖景区和拓展基地的配套服务设施。最初村委希望靠近小南湖景区新建，便于展示形象，但是设计团队和大部分村民认为那样不便于村民使用。最终选择村里的弃置小学进行改造。在改造过程中，提出"留、改、建"的改造策略和"家"的设计理念。在建筑风格选择上，82% 的村民选择了粉墙黛瓦方案。因此，最后设计团队采用了粉墙黛瓦加当地传统屋脊元素实施。

乡邻中心设计方案

村委会广场是村民经常办事、活动、聚会的地方，村民反映该广场夏天很晒，没有坐凳，景观环境不舒适。设计团队通过"文化廊亭分割、场地绿色软化、增加家具小品"等手段，改变了尺度大、空旷的硬质环境。

理水系，整环境

对全村河塘进行梳理，通过清淤、生态护坡、织补联通，活化使用滨水空间，并沿河设置洗菜台；对村民住房和自家院落，鼓励自主清理和自我完善；在村庄主干道和公共设施节点都配备了节能路灯；建设12座小型污水处理设施、1座大型污水处理站和6座三类水冲式公共厕所；建立6个垃圾分类集中收集站，为每家每户都发放了干湿分离垃圾桶。

乡村水系环境改善

承传统，显文化

祁家庄是一个远近闻名的建筑村，村内目前有6处老建筑，百年坚实的糯米墙、油光泽亮的地砖、考究的穿梁橡显示了厚重的历史价值，村民也都希望能留下来作为村庄历史的记忆。由于老宅主人已决定随子女去外地定居，经设计团队与村委商定后对其进行收购，将其作为村史馆使用。对目前历史建筑相对集中的组团，规划建议作为野奢民宿集中保护、展示和利用。

设计团队与当地工匠丁文寿共同合作，对老建筑（特别是百年老宅）进行了系统剖析，提炼了泰式民居小刀灰砌墙、屋脊、刨磨砖、瓦片装饰等传统建筑元素，以此进行围墙、门户改造引导，形成地方特色街巷风貌。在创建过程中，全村共有46名能工巧匠参与施工建设。

通过宣传农家乐"祁巷八大碗"，推动农家乐餐饮文化；组织祁巷

保留洗菜浣衣空间

七架梁和外廊　　　青砖黛瓦小刀灰　　　做屋脊、刨磨砖、瓦片装饰

乡村建筑特色彰显

演出踩高跷挑花旦、小杂粮基地木栈道表演舞龙舞狮、小南湖上进行龙舟比赛等活动，拓展非物质文化；出版村志、美丽祁巷等刊物，宣传彰显祁巷传统文化。

村民共享

环境改善

村庄环境整治基本完成，建成了乡邻中心，改善了村庄入口形象；完成了"美食一条街""民宿一条街""农特产销售电商一条街"和村委会健身广场的升级改造，初步构建了文化活动路径。

收入增加

村民通过土地流转，每年可以得到每亩 1000 元的土地流转收入，参加蔬菜大棚或者企业务工收入每年每人 2 万元左右，合作社股份分红每户 1000 元左右。全村居民人均可支配收入从 2016 年的 20 121 元上升到 2020 年的 25 320 元。村级集体经济收入从 2016 的 168 万元上升到 2020 年的 302 万元。

劳力回流

特色产业培育初见成效，产业链基本形成。创建了省级创业孵化示范基地，基地内创业实体 91 家，引进高校毕业生 3 人，提供各类就业岗位 300 余个，80 多位乡贤能人回乡，自发成立了祁巷乡贤理事会，助力推动祁巷产业接二连三发展。

影响扩大

近年来，村庄成功承办了三届泰兴市乡村文化旅游美食节和"中国泰州香芋节"，两届泰州市嘉年华乡村旅游美食节，吸引了大批宾客来祁巷观光休闲，品尝香荷芋，也推动了香荷芋规模化、产业化发展。同时，成功举办两届全国钓鱼大赛，带动了人气，宣传了村庄。

祁巷八大碗

感悟与启示

"公司＋农户""合作社"等组织模式的创新：根据地少人多的现状和资源特点，针对不同的产业基础，探索组织模式的创新途径，调动各种积极性。

集体团结，共同致富：头雁领航，群雁齐飞。村庄的发展建设中，有一个好的带头人至关重要。在带头人的带领下，在村民的共同努力下，心往一处想，劲往一处拧，才能做到集体与个人的共同发展。

争取政策、合作互赢：充分利用对村庄发展有利的政策，积极找寻外部可利用资源，争取与部门、企业、个人的多方合作。

建立行之有效的长效机制：包括规划设计实施的"设计师负责制"、严格的项目招标与监管制度、环境整治的管理机制以及行之有效的奖惩机制。

从"废塑加工场"到"创业梦工厂"：
宿迁大众村

这里，曾经是区域经济发展"耿车模式"的发源地，许多年里以废旧塑料回收产业蜚声大江南北。要生计还是要生态？2016年初，大众村支"两委"率先响应宿迁市废旧物资回收加工综合整治攻坚战号召，随后几年间当地践行"绿水青山就是金山银山"新发展理念，搭乘互联网经济快车，走上了转型升级、绿色发展之路。昔日人人捂着鼻子躲开的"破烂村"，摇身一变成为许多人前来取经学习的"淘宝村"。村强民富，同时也迎回一片蓝天。"水里有鱼，树上有鸟，夏天听到知了叫"。漫步大众村村道上，可以看到小桥流水、草绿花开。

学习强国·江苏学习平台 2020 年 10 月 14 日

朱建芬　江苏省住房和城乡建设厅
村镇建设处二级调研员

大众村位于耿车镇西端，交通便利，毗邻324省道、250省道、徐宿淮盐高速。村庄现有村民913户，4169人，面积5.6平方公里。曾经村民家家户户都在经营废塑料回收加工，孕育了远近驰名的"耿车模式"。工业化的发展给村庄的环境带来了严重的污染，大众村虽然钱袋子鼓起来了，但也成了"破烂村""污染村"。近年来，借力互联网和现代物流的发展，这里转变了发展模式，成了著名的"淘宝村"。随着生态文明理论的实践和特色田园乡村的创建，这里逐渐又变成了记忆中那个青石板路、黛瓦白墙的宜居乡村。

历史：白鹭湖畔 驻车为集

宋元年间，白鹭湖畔，一耿姓农民推着独轮车来到湖边，开荒为生，建起大车屋，用旧车轮在路上摆起茶桌，招待过往行人休息。久而久之，在此落户的人越来越多，明万历五年（1577年）建集立市，取名耿车集。

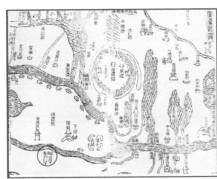

明代天启年间《淮安府志》舆地图中《宿迁舆地图》中的耿车集

曾经：废塑加工扒黄金

大众村属于黄泛区，盐碱地地貌，极不利于农业耕作。为了摆脱贫穷的帽子，20世纪80年代初，时任党委书记徐守存创建出闻名全国的"耿车模式"，受到了费孝通等社会学家重视并来耿车调研，《人民日报》予以报道。30年里，"耿车模式"富了一方群众，废塑行业制造出巨大经济收益。最高峰时，耿车片区年加工废旧塑料300万吨，从业人员10万人，产值达80亿元。虽富了口袋却毁了生态，大众村也陷入垃圾围村的境地。

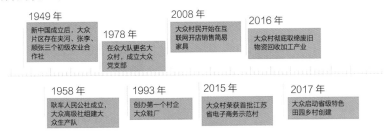

大众村发展历程

1949年
新中国成立后，大众片区存在夹河、张孝、顺张三个初级农业合作社

1978年
在众大队更名大众村，成立大众党支部

2008年
大众村民开始在互联网开店销售简易家具

2016年
大众村彻底取缔废旧物资回收加工产业

1958年
耿车人民公社成立，大众高级社组建大众生产队

1993年
创办第一个村企大众鞋厂

2015年
大众村荣获首批江苏省电子商务示范村

2017年
大众启动省级特色田园乡村创建

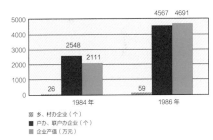

1984-1986年耿车镇经济变化

耿车镇经济转型

从"垃圾围村"到"去塑创业"

曾经的大众村以低端粗放的废旧物资回收加工产业为主业，短时期内富了百姓的钱袋子，但也让大众村陷入了垃圾围城的困境。废旧物资漂洗产生了大量的废气、废水、固体废弃物，给大众村的生态环境蒙上了灰色的阴影。

垃圾围村的景象

邱永信是大众村第一批从垃圾堆里捡"黄金"的人，1982年起就从事塑料加工业，在得知塑料焚烧的危害后，2008年"塑料大王"邱永信放弃塑料工业，带头采购机器，利用大众村毗邻徐州沙集电商镇优势，转型发展绿色家居产业，生产板式家具并在网上销售。

"塑料大王"邱永信转型做家具

2016年初，耿车镇开始废旧物资整治，全镇取缔3471废塑加工经营户，其中大众村取缔了637户。

环境治理措施

特色田园乡村创建：触网增绿，重"塑"新生活

在产业整治的基础上，2017年起大众村开始谋划布局特色田园乡村建设，通过保护生态环境、完善基础设施、彰显乡村文明、培育产业发展、创新城乡融合发展机制等举措，培育打造富有特色、承载田园乡愁、体现现代文明的特色田园乡村，实现田园生产、田园生活、田园生态的有机结合。

大众村特色田园乡村创建中有两个亮点，一是借助互联网打造"电商＋绿色家居"和"电商＋多肉"的特色产业集群；二是通过生态修复，提升村庄绿量，增进村庄活力。

大众美丽乡村规划平面图

大众特色村规划效果图

建设电子商务园区，提升供应链水平

在特色田园乡村的建设过程中，2019年、2020年大众村相继建设了电商物流园和大众创业园，进一步完善了供应链，提升了智能化水平，带动了相关产业的升级。

建设的园区将创业、孵化、厂房、物流等产业发展要素同美丽乡村建设、乡贤参事治理相融合；为农村电商入驻提供创客培训、电商孵化、美工设计、营销策划、产品加工、物流仓储等全方位服务。

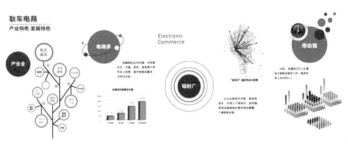

定制经济产业园

智能化的物流平台

大众村特色田园乡村建设

赋能万众创业，打造"淘宝梦工厂"

大众村依托全国淘宝村的电商基础以及近两年建设的耿车家居电商创业园、大众电子商务产业园、大众定制经济产业园等电商空间载体，大力发展"互联网＋绿色家具家居"，形成"产品生产、实体及网络销售、物流配送"一条龙服务，2019 年以大众村为代表的耿车电商总交易额突破 60 亿元，物流日最高发送单量 11 万件。

目前，绿色家居产业正成为大众村创业的香饽饽，全村绿色家居企业 18 户，年产家居 120 万套，产值 6 亿元。

2008 年，邱雨放弃废旧塑料生意，开始从事板式家具生意，如今公司占地面积 6000 平方米，年销售额在 5000 万元左右。

2010 年，胡波从苏州大学通信工程毕业后，返乡创立宿迁众福家具有限公司，如今实现年产值 1600 万元，带动 20 人就业。

依托电商物流园，小盆景做起大文章

新的电商物流园建成了，多肉产业随之迎来了新的发展契机。李平和丈夫投入 2000 多万开展多肉种植，去年销售额逾 4000 万元，并带动 130 多名村民就业，并以互联网为触媒，大力发展多肉种植产业与线上销售相结合的模式。如今的大众村，形成春赏桃花、夏采蔬果、秋品花茶、冬采草莓、四季有多肉的美丽画卷。

江莱园艺

优之雅园艺

博雅园艺

多肉产业

治理提升生态环境品质

曾经的耿车空气质量超标 20 倍，河流水水质是劣Ⅵ类水。如今以特色田园乡村建设为契机，铁腕治理生态环境，从园区治理、货场清理、汪塘整治、厂房整治、道路整治多方面清理塑料遗留问题，提升大众村"含绿量"。

围绕"深呼吸、看绿化、见清水"目标，从治土、治水、治气三方面深化环境治理，开展环境改善、生态修复等工作，优化乡村生态体系。

生态治理措施

污染水体净化，点亮景观河道：曾经的史庄河臭气熏天，如今通过连通水系、清洁水体，利用原有水塘建设 80 亩水景公园；并对西沙河以东 32 亩林荫绿地进行提升改造，建设林地公园，让水更清，草更绿。

史庄河整治前后

建设带动村庄增加活力

　　尊重农民意愿，改善住房条件：在特色田园乡村建设的过程中，充分尊重群众意愿，进行统规自建，利用闲置宅基地、利用率低的集体建设用地，开展土地整治；将土地资源用于农房改善及人居环境建设，采用翻建、插建的方式，满足农户对改善住房条件的需求。已完成农房改建 120 户、插建 35 户、翻建 15 户；完成党群服务中心及村部广场建设。

墙绘提升村庄颜值

提升村庄风貌

村庄节点改造前

塑造乡土景观

村庄节点改造后

在特色田园乡村建设的过程中，以基础设施先行为理念，完成
2800 米村庄道路提升改造，对既有雨污设施周边环境进行美化改造，
同时深入推进供水设施建设，自来水入户率达到100%。

道路标志、标线

路宅分家、路田分家

配建生态停车场

配置照明路灯

饮水安全

雨污设施环境美化

村庄道路整治前后

设计扮美乡村，留住乡愁

在改造建设过程中，植入生态、绿色、乡愁、田园、文化等元素，
扮靓村庄颜值，并让村庄更加宜居，满足农村群众生活和文化需求。

轻钢农房

新建材应用

农户自建装配式轻钢农房

绿化手法乡土自然

果树绿化

村庄采用桃树、石榴、核桃、梨树等
进行绿化

林地公园

保持田园景观格局

利用原有杨树林打造大众林地公园

合理改造闲置传统建筑

史家老屋

改造原有传统建筑，留住乡愁

大众村建设了大众村乡情厅，将老物件、老家谱、老手艺等历史物件保护陈设起来，传承乡愁记忆。在空间设计时，保护古井、古迹、古民居、古树木等历史文化遗存，并利用废旧汽车、自行车、石磨、土灶台等村中老物件与景观相结合，装点巷道景观空间，展示大众村的历史记忆。

传承大众村乡愁记忆　　　　　　　　　　　　　　　　大众村乡情厅

历史上大众人摇着拨浪鼓，挑起货郎担，走南闯北创市场，学习各地的手工技艺，形成了做篦子、吹糖人、搓麻绳、虎头鞋等多种特色手工产品。特色田园乡村建设以来，大众村加大了对传统技艺的传承与保护，通过设计提升手工产品附加值。

手工制作的金凤虎头鞋　　　　　　　　　　　篦子制作工艺

设施服务群众，探索"支部＋电商"发展新模式

大众村将党建与创业紧密结合，探索"支部＋电商"的发展新模式，村党支部副书记张先进带头创办江苏优之雅农业科技公司，占地62亩，常年用工60人，带动村民走上致富之路。特色田园乡村建设以来，村级集体经济收入得到较大增长，大众村集体收入由2018年的60万元增长到2019年的83万元，同比增长38.33%，城镇居民可支配收入达到19615元，同比增长9.5%。

村党支部副书记张先进返乡创业，
带头经营多肉盆景

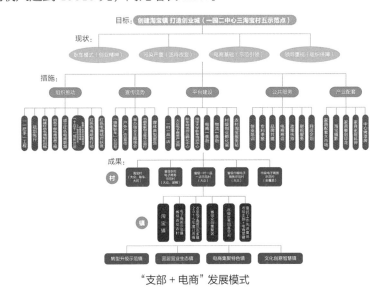

"支部＋电商"发展模式

新建的大众村党群服务中心

结语

曾经的大众村垃圾散布、污水横流，如今的大众村粉墙黛瓦、道路整洁、水清岸绿。这里不仅环境有了翻天覆地的变化，在产业方面，网络创业、物流快递、特色农业、塑料制品精深加工已经成为新四大绿色产业。产业的快速发展也让这个以前的"废品小镇"，转型发展为电商重镇。通过创建特色田园乡村，大众村打造了"水清田沃林丰人居兴旺"和谐共生的场景，形成了"三生"融合的典范。

全域推动 绘就都市田园新图景：
南京江宁区

南京市江宁区采取区域联动发展的方式，串珠成片，通过集中打造特色田园乡村示范区，建设区域乡村旅游联系通道、策划区域乡村旅游系列产品，推动利用本土自然资源，转型提升农业产业，基于特色种植业发展观光采摘、休闲养生、餐饮民宿等功能，进而衍生出休闲度假产业、体育健康产业、医疗养生产业等，吸引了大量外出农民返乡就业，农民人均纯收入和村集体收入水平大幅提高。

《中国建设报》2017 年 4 月 18 日

张 川 南京大学城市规划设计研究院有限公司城乡分院院长
研究员级高级工程师

江宁区位于南京市东南部，全区总面积 1561km²，下辖 10 个街道 1605 个自然村，2017 年末，户籍人口达 107.9 万人。作为此次苏南地区"县域"特色田园乡村的代表，江宁区处于后工业化、后城镇化发展阶段，又经受消费休闲时代的影响，城乡关系与苏中、苏北地区有很大的不同。大量资本、要素加速向乡村地区扩散，乡村地区孕育着新业态、新活力，扮演着新功能、新角色，但同时面临着城市快速发展带来的巨大冲击。借助特色田园乡村规划建设的契机，江宁区期望探索出能够充分彰显都市近郊型乡村的特色内涵、特色路径、特色风貌。

全域都市田园乡村的特色定位

江宁乡村建设紧扣都市近郊区位特征，旨在探索田园城市理想下的"都市（特色）田园乡村"发展模式，通过"4 试点引领—20 组团联动—4 大片区覆盖"，将全区特色田园乡村建设分为特色田园乡村片区、特色田园乡村组团、特色田园乡村点三个层级，对应三个层次的"特色田园乡村"诠释与表达：全域乡村地域特色分区、村庄产业空间相对完整的有机组团、示范引领的村庄点。大处着眼，小处着手，借助乡村绿道建设，串接乡村、田园、湖泊、生态休闲园区等，统筹推进基础设施和公共服务设施共享互动，集约建设，放大效益，实现以点带面，联面成区，全区带动，彰显江宁"全县试点"的特色和意义。

"示范片区—有机组团—特色示范村"三级特色体系建构

"特色片区"引导全域乡村差异化、特色化的振兴模式

全面梳理江宁地形地貌、产业发展、山水肌理、文化遗存等资源禀赋，立足于"都市（特色）田园乡村"的发展定位，划定四个特色田园乡村片区，精准研判片区特色，即东部山林悠然田园，重点打造以度假体验为特色的人文田园乡村；中部江南水乡田园，重点打造以现代农业为特色的水乡田园乡村；西部阡陌休闲田园，重点打造以休旅经济为特色的丘陵田园乡村；南部重点打造以生态经济为特色的山地田园乡村，在总体上维护湖田林草村的大生态格局。

片区的重点建设任务是沟通衔接好片区内各组团，通过路网水网、驿站节点、门户景观等框架建设和功能布局的管控引导，形成整体风貌。在治理机制上鼓励多方联动、共建共享、集约基础设施、环境整治等建设投入。

东部——山林悠然田园
172km²

中部——江南水乡田园
296km²

西部——阡陌休闲田园
430km²

中部——江南水乡田园
50km²

江宁区特色田园乡村片区分布图

"田园组团"引导乡村成组成团实现联动发展

以示范村为核心，对地理环境、产业业态、设施建设相对集中和关联性强的村庄和田园进行归并，组合形成 20 个特色田园乡村组团。每个组团由 5 ～ 10 个的规划发展村及周边田园组成。组团重点建设任务是沟通衔接好组团内各点，形成功能完善的核心模块，并通过构建组团间交通、产业、设施等多要素联系，实现特色联动发展。

"特色田园乡村点"引导试点村庄特色建设实施

结合试点示范村规划建设的经验总结，对全区 316 个规划发展村进行完善提升和培育打造。完善提升类主要针对已经完成或正在实施"千百工程"示范村和重点整治村建设的 220 个规划发展村，这些村硬件建设已基本完成，重点任务是优化和提升特色产业发展水平、创新传承现代文明和乡土文化、推动乡村治理转型和加强公共服务供给等；培育打造类主要针对尚未完成"千百工程"示范村和重点整治村建设的 96 个规划发展村，这些村基础条件相对薄弱，要按省级要求进行产业、环境、文化、田园、生态全方位打造和培育。

首批试点选择徐家院、王家村、观音殿、钱家渡 4 个乡村，开展更为精准的差异化营建与发展探索。这 4 个村代表了江宁现阶段乡村建设发展的几种典型类型。通过对各村自然禀赋、产业基础、文化传统上的深层次挖掘和拓展，塑造个性鲜明、发展路径清晰、充满活力的品质乡村。

江宁特色田园乡村特色发展引导表

村 庄	田园乡村类型	特色产业	特色生态	特色文化	示范导向
谷里徐家院	特色农业型	高效绿色蔬菜	一岗四圩	农耕文化	农业转型
东山王家	古村复兴型	应时鲜果	山水林田居	古村传统	传统复兴
秣陵观音殿	农旅文创型	名优茶叶	丘岗园地	非遗文化	创意驱动
湖熟钱家渡	水乡田园型	优质大米	水乡田园	湖熟水乡	资源活化

示范引领，百花齐放的特色田园村庄营造

"菜园—果园—庭院"三园共生的徐家院

（1）村庄概况

徐家院位于谷里街道张溪社区北部，是谷里现代农业园的组成部分，有较好的田园蔬菜种植基础和厚重的"耕读传家"文化气息，村庄

总面积约 0.46km² (694 亩)，空间格局呈现"四圩一岗"的特征。据记载，清朝徐姓人家在此筑院耕作，善于种植蔬菜，重视家庭读书文化传承，以此发业繁衍而名为"徐家院"。

2017 年，村庄共有 43 户，139 人。据调查，村民收入主要来源为种植蔬菜和外出务工，年轻人以在南京市务工为主。当地村民的改善需求集中在居住条件、邻里交流和田地整理等方面，而公共活动空间是最主要的需求。村民们更加倾向采用维护、监督等方式参与村庄建设、管理。

（2）总体思路

结合谷里现代农业发展优势和村庄产业基础，以绿色蔬菜种植为特色，依托岗林坡地、农家庭院，形成"菜园＋果园＋庭园"三园共建模式，同时把"耕读传家"和乡村书院文化融入乡村的空间建设和乡风文明中，打造江宁区具有农耕书院特色的特色农业型田园乡村。

（3）村庄规划设计

在优化乡村生产生活生态功能的基础上，轻度介入，通过富有想象

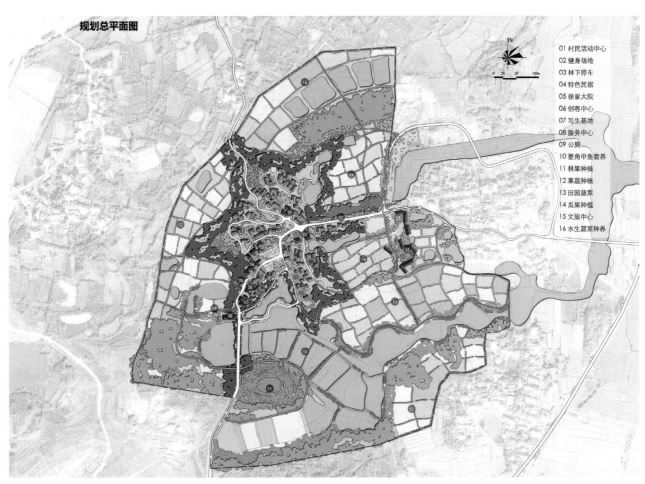

规划总平面图

01 村民活动中心
02 健身场地
03 林下停车
04 特色民宿
05 徐家大院
06 创客中心
07 写生基地
08 服务中心
09 公厕
10 菱角甲鱼套养
11 林果种植
12 果蔬种植
13 田园蔬菜
14 瓜果种植
15 文旅中心
16 水生蔬菜种养

徐家院规划设计总图

力的设计激活乡村空间价值，让平淡的乡村变得有趣。

村庄院落：院落是承载乡村家庭生活与记忆的重要载体，结合户主职业特点和发展意愿，进行院落功能、格局、景观等多样化改造，如"渔樵耕读"人文主题庭院、拓展个体电商的微商庭院、公共服务的共享庭院等，就地取材，依户设景，凸显农业职业特点和生活旨趣相融合的乡居情怀，建构连接现实生活和传统乡土的空间载体。结合"枫叶"

四个示范院落改造示意图

状的村庄格局，按照"渔樵耕读"布局四个特色主题院落组团，并选取渔乐院、樵夫院、农耕院、敏学院四个示范院作为先导建设。

公共建筑：通过对场地调研及梳理村庄肌理，提取村落特色元素构件、土地肌理及村庄色彩，保留改造原有闲置老宅，并置入公共服务、休闲娱乐等创新功能，结合村庄发展需求新建创客中心、文旅中心、农耕馆、村史馆等，共同构成村庄公共服务建筑序列。

特色老宅建筑整体改造策略

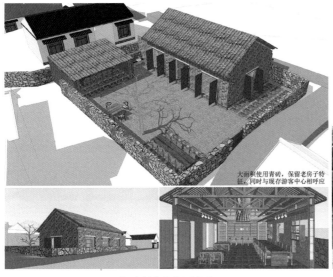

大面积使用青砖，保留老房子特征，同时与现存游客中心相呼应

新建创客中心设计图

新建创客中心建成实景图

趣味田园：针对杂芜的农地，采取地景式土地整理思路，结合生产要求进行农耕空间环境设计，将普通农田变成壮观有序的田园风景；对传统农业设施体验化设计改造，水生蔬菜浮岛式种植设计，结合农业看管房建设，设计发现田园意境新视角的孔亭，营造田园美学情趣。

通过农耕活动空间的系列微改造和创意设计，诱导人们参与、观察、感悟农趣，巧妙植入农业科普、文化、艺术、历史趣味知识，如互动灌溉装置、农学堂、田间剧场、农品跳蚤市集、卡通农夫、小农夫乐园、瓜果故事廊等。

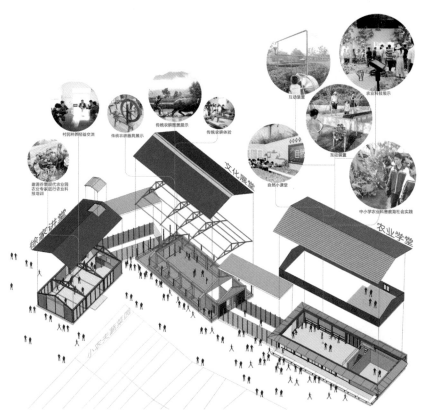

汇聚趣味农业知识的趣味体验空间

趣味田园设计示意图

趣味田园建成实景图

公共空间：从美丽村口、美丽邻里、美丽文化、美丽服务等方面整理场地，梳理闲置空间，融入活泼的创意设计元素，为村民日常休闲、交往提供场所，并提升村庄整体风貌形象。

（4）实践成效

徐家院通过特色田园乡村试点建设，为乡村的内生发展提供了强劲动能。村庄建成以来，培育"野八鲜"等农产品78种，建成桑果园0.2km²（300亩），成功举办野菜节、丰收节、三下乡、学雷锋等活动，持续扩大乡村影响力。

此外，通过培育村庄特色产业与新型农业经营主体，吸引一批外出务工人员返乡创业，开发盘活闲置民房8处共计1200m²，利用集体建设用地2500m²，预计实现增收50万元；通过组建种植专业合作社和土地股份合作社，吸纳农户148户，入股农田共计0.358km²（537亩），规模经营比重达77%，实现户均增收1200元。

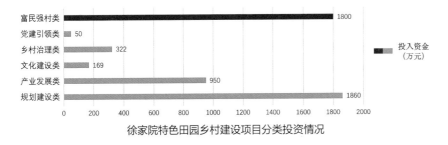

徐家院特色田园乡村建设项目分类投资情况

徐家院村庄风貌

非遗文化赋能乡村手工市集村观音殿

（1）村庄概况

观音殿村位于秣陵街道西南部，是江宁西部乡村绿道与银杏湖旅游道路交汇节点上的一处自然村落，与知名的生态旅游区银杏湖乐园门户相望。村庄总面积约 0.42km²（635 亩），共有 63 户，151 人，属于典型的江南丘陵田园乡村，两岗一冲，整体地形两边高，中间低。村中原有观音殿庙，庙附近是乡村集市，聚集了周边能工巧匠、民间艺人、手工商贩，曾经一度辉煌繁华，后来庙宇被毁，流传的一些传统手工技艺也随着时代变迁日渐衰落。

（2）总体思路

村庄发展主动对接紧邻的银杏湖景区，突破一般非遗保护的静态、固化模式，将非遗文化整体植入乡村的生活生产生态中，村庄定位为非遗文化创意特色田园村，强调构建农旅创意机制作为乡村发展中的驱动因子。通过文创激活原有的村庄空间、农业空间与产业特色化，释放闲置的住屋、农田、水塘、茶园的资源价值，一二三产联动发展，形成村

观音殿村鸟瞰图

庄的内生动力机制。

（3）村庄规划设计

规划重点整合散落在江宁广袤乡村地区具有地方特色的非遗项目，聚集人才（手艺人或传承者或能工巧匠），通过恢复观音殿村传统乡村市集，改造现状特色老宅，置入非遗业态项目，重塑乡村记忆空间，让非遗文化回归民间传承生长的土壤，让村民和游客能感受一个有活力的非遗乡村空间。

设计团队在对传统民居进行调研的基础上，提取出双坡顶、白墙、黛瓦、空斗花墙等典型传统元素，恢复地方材料工法，营造传统乡居风貌。

结合现状场地特征、房屋改造建设和闲置空间整理，通过村庄公共空间设计改造，塑造具有地方性特色的田园乡村形象。

恢复传统乡村市集

新砌砖墙
新加青砖墙
新砌石头围墙
新加青砖墙

区位

改造前

材料意向图

典型农宅风貌治理图

非遗市集街

（4）实践成效

观音殿特色田园乡村试点的建设，切实改变了村庄人居和发展环境，农民财产性收入得到提升。为实现农旅文产业互融互促，村庄通过民间征集、举办创业大赛、引入品牌文创企业等方式，招入一批非遗民俗文旅产业项目，吸引了包括南京市内外的非遗传人、创业大学生、文创投资人的参与。

社区吸纳村民入股，与文创机构合作成立非遗文化发展公司，探索农业合作模式，驱动乡村持续发展，使老百姓一年增收约2万~3万元。村民共同参与家园建设，开辟村民市集，营造在家门口就业创业的氛围。在各方面的积极参与和推动下，目前观音殿已从一个普通小村变成地区知名的明星村，引起社会广泛关注与参与。

已引入非遗和文创项目

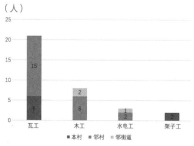

个体村民参与观音殿特色田园乡村建设

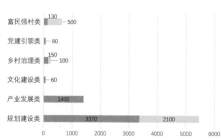

观音殿特色田园乡村建设项目分类投资情况

新江南水乡复兴村钱家渡

钱家渡位于湖熟街道和平社区西北面，西临溧水河，北靠句容南河，村庄总面积 0.506km²（759亩），共有 41 户，137 人。村庄地处典型的江南水乡风貌区，青虾、螃蟹等特色水产品养殖业和绿色大米、有机蔬菜等种植业已初具规模。

村庄因水而兴、临水而居，如何创造有价值的水乡空间，实现生态与产业、服务的融合发展，并在品质提升中彰显特色，是钱家渡特色田园乡村建设的关键问题。

村庄定位为以水乡田园为特色的美丽宜居新社区。立足生态，通过管控与保护、提升与修复、水环境建设等措施，优化水乡田园环境。在此基础上，优化产业环境，建设生态水产养殖基地，促进水产品的规模化、专业化、多元化发展，并拓展观光农业和休闲农业。同时，在各类乡村设施的规划建设中，始终融入主客共享的理念，使得不同年龄阶段的人群在不同的时间可以复合使用各类功能空间，实现集约高效的设施建设，激发乡村活力。

钱家渡坚持以还原田园水乡为抓手，在水环境治理、水产业培育、水乡风貌塑造与维护等方面取得显著成效。同时注重塑造水乡田园建设品牌，联合周边拓展延伸，形成钱家渡—孙家桥田园水乡发展组团。目前已建成开放，成为金陵水乡旅游第一村。

钱家渡村庄风貌

村庄水环境

金陵郊邑历史文化名村王家村

（1）村庄概况

王家村位于东山街道佘村社区，地处紫金山麓东南、青龙山与黄龙山的交汇处，毗邻佘村水库，周边山、水、田、林、居交融共生，是南京东郊山水田园风貌较为完整的传统村落。村内存留以潘家祠堂为代表的明清民居，传统工艺、宗祠文化底蕴深厚。村庄总面积约 0.422km²（633 亩），2017 年人口 282 人，95 户。

（2）总体思路

基于村庄生态与人文的双重特色优势，设计团队以"传统村落风貌特质保护与文化激活驱动乡村整体复兴"为目标，提出传统村落的"全景式"保护与活化的发展思路，突出乡村整体意境的维护与塑造。通过彰显生境格局、恢复场景记忆、重温古风情境等策略与路径，将传统农业种植、传统农业加工及手工业、传统乡村农闲文体休闲活动进行系统

王家村风貌

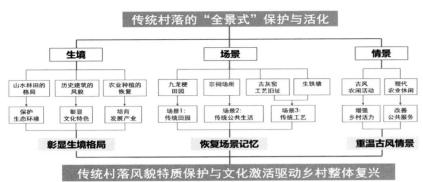

传统村落的"全景式"保护与活化

生境	场景	情景

生境：山水林田的格局 / 历史建筑的风貌 / 农业种植的恢复 → 保护生态环境 / 彰显文化特色 / 培育发展产业 → **彰显生境格局**

场景：九龙梗田园 / 宗祠场所 / 古灰窑工艺旧址 / 生铁塘 → 场景1：传统田园 / 场景2：传统公共生活 / 场景3：传统工艺 → **恢复场景记忆**

情景：古风农闲活动 / 现代农业休闲 → 增强乡村活力 / 改善公共服务 → **重温古风情景**

传统村落风貌特质保护与文化激活驱动乡村整体复兴

村庄情境构想

王家村规划设计总图

恢复重现，构建"金陵郊邑、古风佘村"的情景意向。同时对接现代都市近郊休闲生活与文化寻根的诉求，发展都市近郊乡村休闲产业。

（3）村庄规划设计

规划从历史建筑保护修缮、灰窑旧址改造提升、安置民居设计、公共休闲空间构建四个方面改善乡村人居环境并提升空间功能品质。

历史建筑保护修缮：王家村内保留有完好的明清建筑风貌（潘氏宗

潘氏宗祠改造前后对比

祠、潘氏住宅），具有古村特色的历史环境要素和非物质文化遗产。设计从屋顶、窗户、门、墙面、铺装等方面对古建筑进行保护性修缮，传承村庄历史风貌。

灰窑旧址改造提升：村中保存具有地方传统产业代表性的灰窑旧址，具有重要的产业景观价值和空间形象代表性。设计将其留存并通过"轻度介入"方式加以改造。通过生产场景留存、生产流程展示、参观路径设置等，塑造"穿越时空"的传统产业展示场景，强化乡村的景观类型和乡愁记忆。

安置民居设计：王家村在不同时期建筑谱系完整、各具特色。规划尊重坡地地形与农民意愿，在传承传统建筑智慧和风格韵味的前提下对安置民房进行创新设计，注重建筑与"山、水、田、园"交融共生的形态及空间格局，塑造属于"此时此地"的乡村住宅形象。

公共休闲空间构建：恢复乡村传统农闲文体活动，并适当引入当代农业休闲的活动，丰富提升村民日常休闲生活，引导游客体验古风农闲活动，让乡村文化传统在现代生活中焕发活力与生机。

灰窑旧址改造提升设计方案

改造后的灰窑旧址

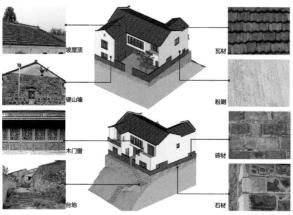

■ 地方材料、技艺及建造智慧的利用与传承，凸显建筑的"在地性"特征

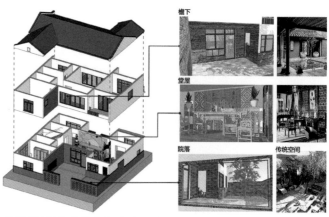

■ 顺应村民生活方式需求，满足其"有院落、堂屋、储藏室，厨房相对独立"等具体意愿，同时提升其生活居住品质。

乡村民居改善设计方案

（4）实践成效

王家村以"都市郊游"与"古村文旅"为产业特色，构建农旅文融合发展的新型乡村产业模式。2020年累计接待游客超290万人次，旅游收入达300万元，实现村民人均收入3.7万元，切实通过文化旅游带动富民增收，成为当地乡土记忆生活的承载地与江宁传统村落保护的复兴典范。

结语

江宁特色田园乡村规划建设的推进，廓清了江宁乡村片区—组团—村庄三个尺度的空间层次，丰富和明确了对应的建设与发展内涵。以"四个整体"发展理念（城乡共享发展的整体视角、村庄—山水田园—园区景区—集镇系列的整体空间、乡村地区三生三农的整体协调、部门协同创新的整体联动）、问题导向和特色化发展的总体思路，深挖村庄本体价值，将设计建设的主体由"村庄"延展到"田园"，整合乡村地区完整的"田园—乡村"空间格局，并从生态环境、人文内涵、产业发展等多维度丰富其特色内涵，整体提升了乡村人居环境品质和持续发展的内生动力。

同时，应该看到，江宁特色田园乡村建设正在由"亮点示范"转向"全域拓展"的关键阶段，如何整体统筹、深化创建这项系统性工程仍然面临诸多瓶颈，特别是地域乡村风貌特质的凸显、区域均衡发展的协调机制、乡村发展与村民的利益联结机制、更有效吸引社会资本参与乡村建设经营等问题需要在今后的发展建设中进一步探索。

营建品质乡村空间，留住看得见的"乡愁"：

常州溧阳市

立足山水田园，溧阳探索走出了一条"田园生金"的乡村振兴之路。2017 年，全市休闲农业和乡村旅游接待游客超过 760 万人次，实现农旅收入 35 亿元，带动 5 万农户增收。溧阳市政府将核心资源整合成开启农旅融合的"金钥匙"，在发展路径上追求处处见景，但不是村村点火，而是通过特色田园乡村建设和天目湖品牌、1 号公路等区域核心公共资源的整合打造，塑造农旅融合"新样板"。

《新华日报》2018 年 10 月 31 日

张 伟 江苏省规划设计集团有限公司党委副书记，副总经理
研究员级高级工程师

程昳晖 江苏省城镇与乡村规划设计院有限公司
城乡规划师

溧阳，苏南的一方风水宝地，生长于茅山余脉与天目山余脉之间，有着"三山一水六分田"的地貌特征，山水田林湖皆备，丘陵平原圩区兼具。唐时期溧阳县尉孟郊，于知天命之年，迎母溧上作《游子吟》，千古传唱。溧阳有山有水，有诗有情。丰富的地形地貌、丰厚的文化底蕴为溧阳乡村的发展提供了肥沃的土壤。

溧阳乡村的蜕变始于2012年，它搭上了江苏省城乡一体化发展的快车，分步有序开展村庄环境整治、美丽乡村建设、特色田园乡村建设和美意田园行动等工作，经历样板示范、串点连线、全面推进三个阶段，不断挖潜乡村原生动力，焕发乡村勃勃生机。

溧阳迄今共建设21个省级美丽乡村，13个省级建设与环境整治试点村，12个常州市美丽乡村示范点，15个溧阳市美丽乡村，并有7个村庄分三批入选了省级特色田园乡村建设试点，以及陆家村完成了面上申报创建工作。溧阳市成为全省特色田园乡村建设试点最多的县级市，其中别桥镇塘马村、上兴镇牛马塘村、戴埠镇杨家村、溧城镇礼诗圩村4个村庄建设成效优异，获得江苏省第一批次特色田园乡村命名，受到省政府通报表彰，为建设宁杭生态经济带最美副中心城市融入了乡村力量，为江苏乡村复兴提供了能推广、可借鉴的溧阳样本。

2019年11月，江苏省特色田园乡村建设现场推进会在溧阳召开

溧阳市全域乡村建设一览表

类别	个数	自然村
省级特色田园乡村试点	7	塘马、杨家村、牛马塘、礼诗圩、南山后、陆笪、陆家
省级美丽乡村	21	陈家村、大竹棵、河洛港、松墩、蛙竹棵、钱家基、八字桥、南北干圩、十三队、中王、金山洼、大山口、箕笪里、水西、储庄、马家、汤家头、瓦屋湾、全民、塘马、观西
省级建设与环境整治试点村	13	桂林、高关岭、礼诗圩、张家坝、钱家圩、阴山、马地、竹塘、南山后、观阳、同官街、灵官、杨树头
常州美丽乡村示范点	12	深溪岕、牛马塘、礼诗圩、杨家村、塘马、南山后、水西、箕笪里、里方、联丰、陆笪、庆丰陆家
溧阳市级美丽乡村	15	蛙竹棵、徐家村、石界滩、居家、西河、联丰、下陶、西山、松岭、王家村、黄岗岭、西汤、姚河坝、塔山、白虎岕

乡村空间高品质提升路径

多专业"接地气"设计，存续传统价值精神

（1）城乡规划高位引领

溧阳乡村建设始终坚持城乡规划的战略引领和刚性控制作用，建立县域、片区、线性、节点多层次全覆盖的乡村规划体系，从空间特色、

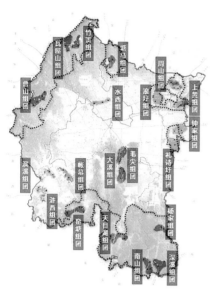

县域特色田园乡村组团空间布局图

建筑品质、园林艺术等多专业方向，将规划设计理念贯穿设计、施工、运营各阶段始终。在村庄层面，从重视物质空间的提升到注重乡村经济产业特色化、个性化的营造，立足于自身优势，精准定位、差异引导，寻求个体错位发展。在组团层面，着眼于加强村庄之间的关联性和互动性，衔接景区、成团推进，强化1号公路联动载体的作用。在县域层面，结合溧阳"三山一水六分田"的地形地貌以及资源、产业特征，因地制宜、因势利导，规划统筹四大发展片区。

（2）村庄设计因地制宜

乡村设计秉承尊重自然的理念，在对乡村生活、乡土文化和村民主体的深入认知和感受的基础上，对乡村的居住空间、文化空间、生产空间、公共活动空间以及生态空间进行设计，最大限度地存续乡村原始肌理，保持富有传统意境的景观格局，使村庄与自然环境有机融合。例如在对礼诗圩生活空间进行塑造时，设计团队采用以空间重构引导生活方式的改善策略，从保护、整治、活化三个方面对内部空间和宅基地进行

因地制宜的乡村景观

梳理，凸显"河道—道路—小巷—建筑—菜园"的典型空间组合，针对水系街巷空间的营造，以廊围院形成多进穿堂式布局，引水入院，使建筑组团自然融入环境。

（3）建筑设计诗意情怀

溧阳乡村建筑秉承江南民居的特征，以"黑灰"为主色调，黑色瓦，灰色或灰白色墙面，木构部分通常为栗色，一般为单栋小合院形式，布局基本随街巷走向。新建建筑和既有建筑改造，提取、继承地方村居原有构筑方式所反映出的屋顶形式、山墙特征、立面构成肌理、色彩运用等要素。建（构）筑物选材鼓励使用本地乡土材料，采用传统营造方式进行精细化处理，辅以旧农具、老物件等为装饰，体现地域特色。

（4）设计人才下沉入乡

溧阳邀请江苏省城镇与乡村规划设计院、浙江省建筑科学设计研究院建筑设计院、浙江绿城景观工程有限公司等众多优秀的设计团队为乡村建设出谋划策。设计团队下沉式驻场工作，一方面广泛聆听村民和村委会意愿，鼓励全民全程参与，以提供村民易懂、村委易用、乡镇易管的设计蓝图和建设指南。另一方面，设计师全程跟踪设计、施工、验收全过程，通过驻场设计与指导，保障乡村建设按照设计，有条不紊，不走形不变样地有序推进。

设计师驻场工作

乡村工匠"达人"

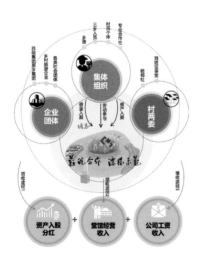

塘马村平台公司组成

发挥工匠精神，高质量精品施工

溧阳在特色田园乡村试点建设中，培养出一批技艺纯熟的工匠队伍，石匠、木匠、编织匠、铁匠、砖瓦匠、窑匠等分工细致，各有所长，可以快速组建本土施工建设队伍，高质量完成建设任务。

平台公司建设运营，多主体共同缔造

溧阳特色田园乡村建设过程中探索出"不同主体牵头组成平台公司、多方共同参与建设运营"的成功模式，牵头主体包括市级国企、镇政府和社会资本等。在建设运营过程中始终让村集体、村民有效参与，最终实现村强民富的目标。

溧阳市特色田园乡村多主体共同缔造模式
模式一：市级国企平台牵头 以塘马村建设运营为例，由溧阳市三大市级国有企业集团之一的苏皖合作示范区建设发展集团有限公司（以下简称"苏皖集团"）牵头成立平台公司，参与的其他主体有别桥镇人民政府、塘马村集体、村民合作组织、民营企业以及社会团体。
模式二：大型央企牵头 以礼诗圩为例，由大型央企中商投实业控股有限公司牵头成立平台公司，参与的其他主体有溧城镇人民政府、八字桥村集体、村民合作组织、原乡公司以及民营企业。
模式三：社会资本牵头 以杨家村为例，由浙江蓝城集团牵头成立平台公司，参与的其他主体有南山花园旅游发展有限公司、戴埠镇人民政府、戴南村集体、村民合作组织。
模式四：景区管委会牵头 以牛马塘村为例，由曹山旅游度假区管委会牵头成立平台公司，参与的其他主体有龙隐江南旅游发展有限公司、上兴镇人民政府、余巷村集体、村民合作组织、原乡公司。
模式五：镇政府牵头 以南山后村为例，由上黄镇人民政府牵头成立平台公司，参与的其他主体有原乡公司、南山后村集体、村民合作组织、民营企业。

实施成效

尊重自然、由繁入简，设计引领村落有序生长

村庄维持适度的规模尺度和自然的边界，老村保持传统意境的田园格局，新建部分延续传统肌理，村庄与周边自然环境有机融合。通过土地综合整治、生态修复、旅游公路打造等措施，串点成线、以线带村，打通了绿水青山与金山银山之间的通道，实现"山水田林人居"和谐共生。

自然和谐的田园风光

乡土要素和传统营造技艺加持，"乡愁"物质媒介彰显

村庄规划设计强调本土化回归，植物选配采用本地适生品种，使用瓜果蔬菜、自繁衍各类花卉等，在村民院内、住宅边、道路两旁、菜园种植绿化；建筑材料使用本地乡土材料，采用石匠、瓦匠、竹编、木板雕刻等传统营造方式进行精细化处理，制作成围挡、红砖墙、亲水平台、篱笆围栏等，因地制宜地保护和传承传统技艺与工艺，塑造乡土特

乡土材料与传统工艺利用

色景观。

乡村经济多元发展，助推百姓家门口就业创业

市场化运作推动了乡村产业的多元发展，撬动"沉睡的资源"化身优质资产，激活了乡村发展动力。例如江苏农业龙头企业"优鲜到家"，携手礼诗圩，针对本地生态绿色农产品，如荷、莲等，发展精深加工及线上线下协同销售产业，同时共同设计推出以莲子、糯米、乌米藕为主题的文创产品，实现了农产品及其衍生品的有效推广。又如博士仲春明在溧阳市戴埠镇创立美岕山野温泉度假村等项目，在大幅提升溧阳南山片区乡村休闲产业品质的同时，为当地村民就业和职业人才发展提供了创业平台，成为"溧商回乡创业"助力乡村发展的典范。

专业大户、家庭农场、农民合作社、农业产业化龙头企业等新型农业经营主体，充分带动了小农户共同发展，吸引原住民成为农业产业工人和物业人员，带动当地农民自主创业。农民增收渠道得到拓展，租金收入、土地流转收益、企业、合作社股份分红、农产品销售收入得到较大提高。

"优鲜到家"农产品展销中心 　　　　　　　新型职业农民技术培训

此外，各地根据村庄产业发展实际情况，组织新型职业农民开展技术培训，授人以渔，让村民获得立身之本。

结语

　　溧阳市在特色田园乡村建设过程中，构建了多层次体系化的乡村营建之路，为县域乡村振兴打下了坚实基础。在规划设计体系中，基本实现全域城乡空间的规划全覆盖，发挥设计的力量推动高质量发展，为溧阳乡村的保护与发展提供了有力保障。在乡村建设工作中，实现了三个方面的转变：从重视"试点先行"的点状做法到注重"以点带面、串点连线、组团成片"的全域联动发展；从重视物质空间的营造到注重全域乡村旅游载体的全方位、系统性规划与建设；从重视单纯景观环境的提升到注重田园山水、地域文化和旅游产业的振兴与融合。溧阳通过美好乡村空间环境的塑造，留住了看得见的"乡愁"。